黄河流域防洪规划

水利部黄河水利委员会　编

黄河水利出版社

图书在版编目(CIP)数据

黄河流域防洪规划/水利部黄河水利委员会编. —
郑州：黄河水利出版社，2008.9
ISBN 978-7-80734-510-7

Ⅰ.黄… Ⅱ.水… Ⅲ.黄河流域–防洪规划
Ⅳ.TV212.5 TV882.1

中国版本图书馆 CIP 数据核字(2008)第 150258 号

出 版 社：黄河水利出版社
　　　　地址：河南省郑州市金水路 11 号　　　邮政编码：450003
发行单位：黄河水利出版社
　　　　发行部电话：0371-66026940、66020550、66028024、66022620(传真)
　　　　E-mail：hhslcbs@126.com
承印单位：河南省瑞光印务股份有限公司
开本：787 mm×1 092 mm　　1/16
印张：13　　　　　　　　　　　　插页：7
字数：210 千字　　　　　　　　　印数：1—1 100
版次：2008 年 9 月第 1 版　　　　印次：2008 年 9 月第 1 次印刷
定价：98.00 元

中华人民共和国国务院

国函〔2008〕63号

国务院关于黄河流域防洪规划的批复

山西省、内蒙古自治区、山东省、河南省、四川省、陕西省、甘肃省、青海省、宁夏回族自治区人民政府，发展改革委、财政部、国土资源部、环境保护部、住房城乡建设部、交通运输部、铁道部、水利部、农业部、林业局、气象局：

水利部《关于审批黄河流域防洪规划的请示》(水规计〔2008〕226号)收悉。现批复如下：

一、原则同意《黄河流域防洪规划》(以下简称《规划》)，请你们认真组织实施。力争到2015年，初步建成黄河防洪减淤体系，基本控制洪水，确保黄河下游防御花园口洪峰流量22 000立方米每秒堤防不决口，逐步恢复主槽行洪能力，初步控制游荡性河段河势；基本控制人为产生的水土流失，减轻河道淤积；上中游干流、主要支流重点防洪河段的河防工程基本达到设计标准，重要城市达到规定的防洪标准。到2025年，建成比较完善的防洪减淤体系，基本控制洪水和泥沙。

二、《规划》的实施，要坚持"上拦下排、两岸分滞"调控洪水和"拦、排、放、调、挖"综合处理泥沙的方针，进一步完善以河防工程为基础，水沙调控体系为骨干，水土保持、干流放淤和分滞洪工程措施相结合的流域防洪减淤工程总体布局，辅以防汛抗旱指挥系统建设、防洪调度和洪水风险管理等非工程措施，构建较为完善的流域防洪减淤体系，全面提高黄河流域防御洪水灾害和治理泥沙的综合能力。

三、加强防洪骨干工程建设，不断推进黄河治理。继续加强黄河下游标准化堤防建设，大力开展河道整治，控导河势，提高主槽过流能力；加强河口整治和管理，相对稳定入海流路；加强病险水库除险加固，确保水库安全运行；抓紧做好古贤、东庄水库的前期工作和黑山峡河段开发方案的论证工作，有计划地建设黄河干流和主要支流的控制性防洪减淤水库，逐步完善黄河流域水沙调控体系，拦蓄洪水泥沙，调水调沙；搞好蓄滞洪区和滩区安全建设，完善补偿政策措施。加快黄河上中游干流及主要支流重点防洪河段的河防工程建设。加强城市防洪工程建设，不断完善重点城市防洪工程体系，制订城市防御超标准洪水预案；加大水土流失治理力度，特别是中游多沙粗沙区治理；加强山洪灾害防治，建立健全山洪灾害防灾减灾体系。

四、认真做好规划建设项目的前期工作，按照基本建设程序报批。对防洪工程建设要严格实行项目法人责任制、招标投标制、工程监理制和合同管理制，认真组织，加强监督检查，确保工程质量。

五、加强防洪管理，提高洪水风险管理水平。严格按标准建设堤防，不得超过《规划》确定的标准；河道上特别是河口处的建设项目，必须实行洪水影响评价制度，任何工程建设均不得超越规划治导线。地方各级人民政府及相关单位要加强对防洪设施的管理与维护，确保工程正常运行。黄河流域管理机构要切实履行规划、管理、监督、协调、指导的职责，加强流域防汛抗旱的统一管理和调度，加快流域防汛指挥调度系统建设，全面落实防洪法的配套法规和防洪管理措施，抓紧研究制订防洪骨干水库联合调度运用方案。各类工程在汛期必须服从流域防洪调度。

黄河水少沙多、水沙异源，水旱灾害频繁、复杂难治。黄河流域是中华民族的发祥地，是我国重要的粮棉生产基地和工业基地。《规划》的实施，对保障黄河流域人民群众生命财产安全，促进经济社会又好又快发展，构建社会主义和谐社会，具有十分重要的意义。各有关地区和部门要加强领导，密切配合，精心组织实施，确保黄河流域防洪安全。

二○○八年七月二十一日

主题词： 水利　规划　批复

抄　送：中央办公厅、中央统战部，国务院各部委、各直属机构，中央军委办公厅、各总部、各军兵种，北京军区、兰州军区、济南军区。

　　　　全国人大常委会办公厅，全国政协办公厅，高法院、高检院。

　　　　各民主党派中央。

前　言

　　黄河流域是中华民族的摇篮，经济开发历史悠久，文化源远流长，曾经长期是我国政治、经济和文化的中心。流域战略地位重要，区位优势明显，土地、矿产资源特别是能源资源十分丰富，开发潜力巨大，在国民经济发展的战略布局中，具有承东启西的重要作用。黄河又是一条多泥沙、多灾害河流，洪水泥沙灾害严重，历史上曾给中国人民带来深重灾难。治理黄河历来是中华民族安民兴邦的大事。

　　新中国成立以来，党和政府对黄河防洪十分重视，在下游坚持不懈地进行了堤防加高加固及河道整治，开辟了北金堤、东平湖滞洪区及齐河、垦利展宽区；在中游干支流上修建了三门峡、小浪底水利枢纽，伊河陆浑水库和洛河故县水库，初步形成了"上拦下排，两岸分滞"的防洪工程体系。同时，还进行了防洪非工程措施的建设。依靠这些措施和沿黄军民的严密防守，下游防洪取得了连续 50 多年伏秋大汛不决口的辉煌成就。黄河上中游干流河段、主要支流在防洪治理方面也取得了很大成效，洪水灾害得到一定程度的控制，促进了流域经济社会的健康发展。

　　黄河水少沙多、水沙关系不协调的基本特点，决定了黄河防洪的长期性和复杂性。黄河防洪不仅要治水，更要治沙，而且治沙难于治水，治沙是一项长期而艰巨的任务。目前，黄河下游堤防质量差、险点隐患多；河道整治工程不完善，主流游荡多变，近年来主槽淤积严重，"二级悬河"加剧，中常洪水仍有决堤的可能；东平湖滞洪区围坝质量差，退水困难，湖区内群众安全建设不落实，分洪运用难度很大；下游滩区安全建设滞后，洪水漫滩淹没损失大，滩区群众生命财产安全还得不到保障。黄河上游宁蒙平原河段在防洪、防凌方面还存在一定的问题，中游禹门口至潼关河段、潼关至三门峡大坝河段塌岸现象时有发生，沁河、渭河等主要支流防洪工程还不完善。黄河流域的防洪形势依然很严峻，而且，随着保护区社会经济的发展，对防洪安全的要求越来越高，进一步加强黄河流域的防洪工程建设是十分必要的。

　　1998 年长江、松花江、嫩江发生大洪水，水利部依据《中华人民共和国水法》、《中华人民共和国防洪法》，布置开展了全国防洪规划的编制工作。根据水利部统一部署，结合流域防洪形势的变化和防洪要求，黄河水利委员会组织流域内青海、甘肃、宁夏、内蒙古、山西、陕西、河南、山东8省(自治区)有关部门开展了黄河流域防洪规划编制工作，提出了《黄河流域防洪规划》(以下简称《规划》)。

《规划》在总结以往有关规划、研究成果和黄河治理经验和教训的基础上，通过调查、收集及勘测，获取了最新的经济社会、水文、泥沙、地形、地质资料，开展了大量的基础及专题研究工作，按照科学发展观的要求和中央水利工作方针，结合新的形势及黄河流域的实际情况，对防洪工程体系和防洪标准进行了全面复核，提出了防洪减淤规划布局，以及防洪减淤工程和防洪非工程措施。

《规划》编制过程中，按照国务院领导的指示精神，编制了《黄河近期重点治理开发规划》，2002年国务院以国函[2002]61号文进行了批复，对黄河的防洪建设发挥了重要作用。《规划》在此基础上，按照可持续发展观，以及人与自然和谐相处的要求，对今后20年黄河流域的防洪减淤建设和管理进行了全面、系统的部署，对进一步完善黄河流域防洪减淤体系、提高防洪能力、保障黄河流域及相关地区经济社会可持续发展具有重要意义。

《规划》对黄河防洪减淤有关重大问题进行了深入、系统的研究，广泛听取了专家意见，反复征求了流域内各省(自治区)有关部门的意见。2004年11月，水利部组织召开黄河流域防洪规划审查会，邀请各方面专家、流域内各省(自治区)人民政府和国务院有关部门，对《规划》进行了审查。《规划》征求流域内各省(自治区)人民政府和国务院有关部门意见，进一步修改完善并报请国务院审批后，用以指导今后20年黄河流域的防洪减淤工作，是21世纪初期黄河流域防洪减淤建设与管理的基础和依据。

目　录

附图 2　黄河下游堤防 1938 年花园口决口淹没范围示意图
附图 3　黄河下游堤防决溢淹没风险示意图
附图 4　黄河流域防洪规划总体布置示意图
附图 5　黄河流域河流防洪规划布置示意图
附图 6　黄河流域及下游沿黄城市防洪规划布置示意图
附图 7　黄河流域水库除险加固规划示意图

第一章　流域概况

第一节　自然概况及特点

黄河发源于青藏高原巴颜喀拉山北麓海拔 4 500 m 的约古宗列盆地，流经青海、四川、甘肃、宁夏、内蒙古、山西、陕西、河南、山东等 9 省(自治区)，在山东垦利县注入渤海，干流河道全长 5 464 km，流域面积 79.5 万 km²(包括内流区 4.2 万 km²)。与其他江河不同，黄河流域上中游地区的面积占流域总面积的 97%。流域西部地区属青藏高原，海拔在 3 000 m 以上；中部地区绝大部分属黄土高原，海拔为 1 000 ~ 2 000 m；东部属黄淮海平原，河道高悬于两岸地面之上，洪水威胁十分严重。

黄河流域西居内陆，东临渤海，气候条件差异明显。流域内气候大致可分为干旱、半干旱和半湿润气候，西部、北部干旱，东部、南部相对湿润。全流域多年平均降水量 452 mm，总的趋势是由东南向西北递减，降水最多的是流域东南部，如秦岭、伏牛山及泰山一带年降水量达 800 ~ 1 000 mm；降水量最少的是流域西北部，如宁蒙平原年降水量只有 200 mm 左右。

流域内黄土高原土壤结构疏松，抗冲、抗蚀能力差，气候干旱，植被稀少，坡陡沟深，暴雨集中，加上人类不合理的开发利用，水土流失极为严重，是我国乃至世界上水土流失面积最广、强度最大的地区。黄土高原地区水土流失面积达 45.4 万 km²，占总土地面积 64 万 km² 的 70.9%。水土流失面积中，侵蚀模数大于 8 000 t/(km²·a)的极强度水蚀面积 8.5 万 km²，占全国同类面积的 64%；侵蚀模数大于 15 000 t/(km²·a)的剧烈水蚀面积 3.67 万 km²，占全国同类面积的 89%。河口镇至龙门区间的 18 条支流、泾河的马莲河上游和蒲河、北洛河、刘家河以上的多沙粗沙区，面积 7.86 万 km²，仅占黄土高原水土流失面积的 17%，输沙量却占全河的 63%，粗沙量占全河粗沙总量的 73%，对下游河道淤积影响最大。严重的水土流失使大量泥沙输入黄河，淤高下游河床，是黄河下游水患严重而又难以治理的症结所在，同时使当地生态环境恶化，严重制约经济社会发展。

黄河的基本特点是"水少沙多、水沙关系不协调"，全河多年平均天然径流量 580 亿 m³，仅占全国河川径流总量的 2%。流域内人均水量 527 m³，为全国人均水量的 22%；耕地亩均水量 294 m³，仅为全国耕地亩均水量的 16%。再加上流域外的供水需求，人均占有水资源量更少。黄河多年平均输沙量约 16 亿 t，平均含沙量 35 kg/m³，在大江大河中名列第一。最大年输沙量达 39.1 亿 t(1933 年)，最高含沙量 911 kg/m³(1977 年)。黄河水、沙的来源地区不同，水量主要来自兰州以上(占全河水量的 55.6%)、秦岭北麓及洛河、沁河地区，泥沙主要来自河口镇至三门峡区间地区(占全河沙量的 90.6%)。黄河的泥沙年内分配十分集中，90%的泥沙集中在汛期；年际变化悬殊，往往集中在几个大沙年份，最大年输沙量(1933 年)是最小年输沙量 3.75 亿 t(2000 年)的 10.4 倍。

根据水沙特性和地形、地质条件，黄河干流分为上、中、下游三个河段。

一、上游河段

内蒙古托克托县河口镇以上为黄河上游，汇入的较大支流(流域面积 1 000 km² 以上)有 43 条，干流河道长 3 472 km，流域面积 42.82 万 km²。青海玛多县以上属河源段，河段内的扎陵湖和鄂陵湖，海拔都在 4 260 m 以上，蓄水量 47 亿 m³ 和 108 亿 m³，是我国最大的高原淡水湖。玛多至玛曲区间，黄河流经巴颜喀拉山与积石山之间的古盆地和低山丘陵，大部分河段河谷宽阔，间有几段峡谷。玛曲至龙羊峡区间，黄河流经高山峡谷，水流湍急，水力资源较为丰富。龙羊峡至宁夏境内的下河沿，川峡相间，水量丰沛，落差集中，是黄河水力资源的"富矿"区，也是全国重点开发建设的水电基地之一。下河沿至河口镇，黄河流经宁蒙平原，河道展宽，比降平缓，两岸分布着大面积的引黄灌区。

兰州至河口镇区间的河谷盆地及河套平原，是甘肃、宁夏、内蒙古等省(自治区)经济开发的重点地区。沿河平原和川地不同程度地存在洪水灾害，特别是内蒙古三盛公以下河段，地处黄河自低纬度流向高纬度河段的顶端，凌汛期间冰塞、冰坝壅水，往往造成堤防决溢，危害较大。兰州以上地区暴雨强度较小，洪水洪峰流量不大，历时较长。黄河上游的大洪水与中游大洪水不遭遇，对黄河下游威胁不大。

二、中游河段

河口镇至河南郑州市桃花峪为黄河中游，是黄河洪水和泥沙的主要来源区，汇入的较大支流有 30 条，干流河道长 1 206 km，流域面积 34.38 万 km²。河口镇至禹门口是黄河干流上最长的一段连续峡谷，水力资源也很丰富，并且距电力负荷中心近，将成为黄河上第二个水电基地。峡谷下段有著名的壶口瀑布，深槽宽仅 30～50 m，枯水水面落差约 18 m，气势宏伟壮观。河段内支流绝大部分流经水土流失严重的黄土丘陵沟壑区，是黄河泥沙特别是粗泥沙的主要来源区。禹门口至三门峡区间，黄河流经汾渭地堑，河谷展宽，其中禹门口至潼关(亦称小北干流)，河长 132.5 km，河道宽、浅、散、乱，冲淤变化剧烈，有"三十年河东、三十年河西"之说，塌岸时有发生，引起晋陕两省纠纷。河段内有汾河、渭河两大支流相继汇入。潼关附近受山岭约束，河谷骤然缩窄，形成天然卡口，宽仅 1 000 余 m，起着局部侵蚀基准面的作用，潼关河床的高低与黄河小北干流、渭河下游河道的冲淤变化有密切关系。近年来渭河下游淤积严重，入黄不畅，洪水泥沙灾害威胁着返库移民的安全。潼关至三门峡大坝河道长 113.5 km，为三门峡水库常用库区范围，库区两岸多为第四纪黄土类土，在水流及风浪冲击下，经常发生塌村、塌地、塌扬水站等塌岸现象。三门峡至桃花峪区间，在小浪底以上，河道穿行于中条山和崤山之间，是黄河的最后一段峡谷；小浪底以下河谷逐渐展宽，是黄河由山区进入平原的过渡地段，有伊洛河、沁河两大支流汇入。受黄河淤积顶托的影响，沁河下游成为地上河，洪水威胁较大。

黄河中游地区暴雨频繁、强度大、历时短，形成的洪水具有洪峰高、历时短、陡涨陡落的特点，对下游威胁极大。黄河中游的黄土高原，水土流失极为严重，是黄河泥沙的主要来源地区。在输入黄河的 16 亿 t 泥沙中，有 14.5 亿 t 左右来自河口镇至三门峡区间，占全河来沙量的 90.6%。

三、下游河段

黄河干流自桃花峪以下为黄河下游，流域面积 2.27 万 km²，干流河道长 786 km。下游河道是在长期排洪输沙的过程中淤积塑造形成的，河床普遍高出两岸地面。沿黄平原受黄河频繁泛滥的影响，黄河干流成为淮河、海河流域的天然分水岭。目前黄河下游河床已高出大堤背河地面4～6 m，局部河段达10 m以上，高出两岸平原更多，严重威胁着黄淮海平原的安全，是黄河防洪减淤的最主要河段。从桃花峪至河口，除南岸东平湖至济南区间为低山丘陵外，其余全靠堤防挡水，临黄堤防总长1 400多km。

黄河下游河床高于两岸地面，汇入支流很少。平原区支流只有天然文岩渠和金堤河两条，地势低洼，入黄不畅；山丘区支流较大的只有汶河，流经东平湖汇入黄河。黄河下游洪水和沙量沿程减小，河道堤距及河槽形态上宽下窄，排洪能力上大下小。桃花峪至高村河段，河道长206.5 km，堤距宽5～10 km，最宽处有20 km，河槽一般宽3～5 km，是冲淤变化剧烈，水流宽、浅、散、乱的游荡性河段。本河段防洪保护面积广大，河势又变化不定，历史上重大改道都发生在本河段，是黄河下游防洪的重要河段。高村至陶城铺河段，河道长165 km，堤距1.5～8.0 km，河槽宽0.5～1.6 km，是过渡性河段。陶城铺至宁海河段，河道长322 km，堤距1～3 km，河槽宽0.4～1.2 km，属河势比较规顺稳定的弯曲性河段。该河段由于河槽窄、比降平缓，河道排洪能力较小，防洪任务也很艰巨。同时，冬季凌汛期冰坝堵塞，易于造成堤防决溢灾害，威胁也很严重。

宁海以下为黄河河口段，河道长92 km，随着黄河入海口的淤积—延伸—摆动，入海流路相应改道变迁，现位于渤海湾与莱州湾交汇处，是一个弱潮陆相河口。近50年间，黄河年平均输送到河口地区的泥沙约10亿t，随着河口的淤积延伸，年平均净造陆面积25 km²左右。该河段的防洪任务主要是保护胜利油田安全。

黄河干流各河段特征值见表1-1。

在黄河干流各河段中，尤以黄河下游洪水泥沙威胁最大，灾害也最为严重，中游禹门口至潼关河段(以下简称禹潼河段)、潼关至三门峡大坝河段(以下简称潼三河段)及上游宁夏内蒙古平原河段、兰州附近等河段不同程度地存在着洪水及塌岸威胁。在黄河众多支流中，以沁河下游、渭河下游洪水威胁较大，汾河、大汶河、伊洛河、洮河、大黑河、湟水等主要支流下游及沿河川地也存在着洪水灾害。

表 1-1 黄河干流各河段特征值

河段	起讫地点	流域面积 (km²)	河长 (km)	落差 (m)	比降 (‰)	汇入支流 (条)
全河	河源至河口	794 712	5 463.6	4 480.0	8.2	76
上游	河源至河口镇	428 235	3 471.6	3 496.0	10.1	43
	1.河源至玛多	20 930	269.7	265.0	9.8	3
	2.玛多至龙羊峡	110 490	1 417.5	1 765.0	12.5	22
	3.龙羊峡至下河沿	122 722	793.9	1 220.0	15.4	8
	4.下河沿至河口镇	174 093	990.5	246.0	2.5	10
中游	河口镇至桃花峪	343 751	1 206.4	890.4	7.4	30
	1.河口镇至禹门口	111 591	725.1	607.3	8.4	21
	2.禹门口至小浪底	196 598	368.0	253.1	6.9	7
	3.小浪底至桃花峪	35 562	113.3	30.0	2.6	2
下游	桃花峪至河口	22 726	785.6	93.6	1.2	3
	1.桃花峪至高村	4 429	206.5	37.3	1.8	1
	2.高村至陶城铺	6 099	165.4	19.8	1.2	1
	3.陶城铺至宁海	11 694	321.7	29.0	0.9	1
	4.宁海至河口	504	92	7.5	0.8	

注：1. 汇入支流是指流域面积在 1 000 km² 以上的一级支流。

　　　2. 落差从约古宗列盆地上口计算。

　　　3. 流域面积包括内流区。

第二节　土地矿产资源

　　黄河流域总土地面积 11.9 亿亩，占全国国土面积的 8.3%，其中大部分为山区和丘陵，分别占流域面积的 40% 和 35%，平原区仅占 17%。由于地貌、气候和土壤的差异，土地利用情况差异很大。流域内共有耕地 2.44 亿亩，人均 2.16 亩，约为全国人均耕地的 1.5 倍。大部分地区光热资源充足，生产发展潜力很大。流域内有林地 1.53 亿亩，主要分布在中下游；牧草地 4.19 亿亩，主要分布在上中游，林牧业发展前景广阔。

　　黄河流域矿产资源丰富，在全国已探明的 45 种主要矿产中，黄河流域有 37 种。具有全国性优势的有稀土、石膏、玻璃用石英岩、铌、煤、铝土矿、钼、耐火黏土等8种;具有地区性优势的有石油、天然气和芒硝3种;具有相对优势的有天然碱、硫铁矿、水泥用灰岩、钨、铜、岩金等6种。

黄河流域上中游地区的水能资源、中游地区的煤炭资源、中下游地区的石油和天然气资源,都十分丰富,在全国占有极其重要的地位,被誉为我国的"能源流域",中游地区被列为我国西部地区十大矿产资源集中区之一。黄河流域可开发的水能资源总装机容量3 344万kW,年发电量约1 136亿kW·h,在我国七大江河中居第二位。已探明煤产地(或井田)685处,保有储量4 492亿t,占全国煤炭储量的46.5%,预测煤炭资源总储量1.5万亿t左右。黄河流域的煤炭资源主要分布在内蒙古、山西、陕西、宁夏4省(自治区),具有资源雄厚、分布集中、品种齐全、煤质优良、埋藏浅、易开发等特点。在全国已探明超过100亿t储量的26个煤田中,黄河流域有10个。流域内已探明的石油、天然气主要分布在胜利、中原、长庆和延长4个油区,其中胜利油田是我国的第二大油田。

第三节　经济社会概况

一、经济社会现状

黄河流域(包括内流区)土地面积79.5万km²,涉及青海、四川、甘肃、宁夏、内蒙古、山西、陕西、河南、山东等9省(自治区)的340个县(市、旗)。

据2005年资料统计,黄河流域人口11 275万人,占全国总人口的8.6%;耕地面积24 362万亩,占全国的13.3%;国内生产总值12 150亿元,占全国的6.7%,经济发展水平较低。

黄河流域是中华民族的发祥地,曾长期是我国政治、经济、文化的中心地区。黄河流域很早就是我国农业经济开发的地区。流域内的小麦、棉花、油料、烟叶等主要农产品在全国占有重要地位。主要农业基地集中在平原及河谷盆地,广大山丘区的坡耕地单产很低,林业基础薄弱,牧业生产也比较落后,人均占有粮食和畜产品都低于全国平均水平。2005年,黄河流域粮食产量3 568万t,占全国的7.4%。流域人均占有粮食仅316 kg,平均粮食亩产146 kg。同时,黄河上中游地区又是我国少数民族聚居区和多民族交汇地带,也是革命时期的根据地和比较贫困的地区,生态环境脆弱。因此,进一步加强农业经济建设,发挥土地和光热资源的优势,提高农业生产水平，尽快脱贫致富，改善生态环境，对实施西部大开发战略，保障经济社会的可持续发展及加强民族团结具有重大意义。

黄河流域已经建立了一批工业基地和新兴城市，为进一步发展流域经济奠定了基础。煤炭、电力、石油和天然气等能源工业具有显著的优势，其中原煤产量占全国的半数以上，石油产量约占全国的1/4，已成为区内最大的工业部门。铅、锌、铝、铜、钼、钨、金等有色金属冶炼工业以及稀土工业有较大优势。全国8个规模巨大的炼铝厂，黄河流域就占4个。流域内主要矿产资源与能源资源在空间分布上具有较好的匹配关系，为流域经济发展创造了良好的条件。纺织工业在全国也占有重要地位。黄河流域工业与全国相比，仍然比较落后，人均工业产值低于全国平均水平，产业结构不合理，经济效益较低。

黄河的防洪治理关系到流域外下游防洪保护区的经济社会发展。根据现状河道的历史洪水资料及现状地形地物条件分析，在不发生重大改道的条件下，现行河道向北决溢，洪灾影响范围包括漳河、卫运河及漳卫新河以南的广大平原地区；现行河道向南决溢，洪灾影响范围包括淮河以北颍河以东的广大平原地区。黄河下游防洪保护区总土地面积约12万km²，涉及河南、山东、安徽、江苏和河北等5省110个市、县，主要为淮河、海河流域。2005年黄河下游防洪保护区人口9 064万人，占全国人口的6.9%；耕地面积11 193万亩，占全国的6.1%；国内生产总值10 615亿元，占全国的5.8%；粮食产量4 046万t，占全国的8.4%，是我国重要的粮棉基地之一。区内还有石油、化工、煤炭等工业基地，在我国经济发展中占有重要的地位。

黄河流域及下游防洪保护区经济社会基本情况见表1-2。

二、经济社会发展趋势

黄河流域大部分位于我国中西部地带，土地资源丰富，矿产资源尤其是能源和有色金属资源优势明显，具有巨大的发展潜力。随着西部大开发战略的实施，将为黄河流域21世纪初经济发展带来良好的机遇。黄河流域经济带的开发将与长江经济带、沿海经济带一起，形成支撑我国经济增长的"π"形生产力布局。黄河流域各省(自治区)将依托欧亚大陆桥和资源优势，发挥中心城市的作用，以线串点，以点带面，逐步形成我国有特色的跨行政区域的经济带，变资源优势为经济优势。按照21世纪初我国经济发

表 1-2　2005 年黄河流域及下游防洪保护区经济社会基本情况

地　区		总人口 (万人)	城镇人口 (万人)	国内生产总值 (亿元)	耕地面积 (万亩)	粮食产量 (万 t)
黄河流域	青海省	459	177	345	837	70
	四川省	9	2	4	9	1
	甘肃省	1 839	524	1 162	5 222	444
	宁　夏	589	223	521	1 940	279
	内蒙古	874	474	1 606	3 267	392
	陕西省	2 825	1 217	2 551	5 841	788
	山西省	2 181	812	2 247	4 270	630
	河南省	1 712	519	2 051	2 140	669
	山东省	787	381	1 663	836	295
	合计	11 275	4 329	12 150	24 362	3 568
	占全国比例(%)	8.6	7.7	6.7	13.3	7.4
下游防洪保护区	河南省	3 459	710	2 834	3 807	1 566
	山东省	3 321	877	5 622	4 381	1 591
	安徽省	1 445	307	805	2 094	602
	江苏省	670	240	1 165	646	185
	河北省	169	21	189	265	102
	合计	9 064	2 155	10 615	11 193	4 046
	占全国比例(%)	6.9	3.8	5.8	6.1	8.4

展战略布局，黄河流域重点建设的地区，一是以兰州为中心的黄河上游水电能源和有色金属基地，包括龙羊峡至青铜峡的沿黄地带，加快开发水力资源和有色金属矿产资源，适当发展相关加工工业；二是以西安为中心的综合经济高科技开发区，集中力量将该地区建成以加工工业为主，具有较高科技水平的综合经济开发区,成为西北地区实现工业化的技术装备基地；三是黄河中游能源基地，是我国西部十大矿产资源集中区之一，包括山西南部、陕西北部、内蒙古西部、河南西部等，加快煤炭资源开发和电力建设，结合上游水电开发，加大西电东送、西气东输规模，建成以煤、电、铝、化工等工业为重点的综合性工业开发区；四是以黄河下游为主轴的黄淮海平原经济区，包括整个山东半岛和黄河河口地区，今后将建成全国重要的石油和海洋开发、石油化工基地，以及以外向型产业为特色的经济开发区。

　　实施西部大开发战略，国家将加大基础设施建设、生态建设与环境保护力度。在推进西部大开发战略的过程中，黄河防洪治理和水土保持是我国基础设施和生态环境建设的重要内容。随着黄河流域和下游防洪保护区经济社会的发展，迫切要求加快黄河防洪减淤基础设施的建设步伐。

第二章　防洪形势

第一节　防洪治理现状

1946年中国共产党领导人民治理黄河以来，特别是新中国成立后，党和国家对黄河进行了前所未有的治理开发，经过沿黄广大军民坚持不懈的努力，防洪减灾取得了举世瞩目的巨大成就。

一、黄河下游防洪

人民治黄以来，一直把下游防洪作为治黄的首要任务，并进行了坚持不懈的治理，修建了一系列防洪工程，初步形成了以中游干支流水库、下游堤防、河道整治、分滞洪工程为主体的"上拦下排、两岸分滞"防洪工程体系。同时，还加强了防洪非工程措施建设和人防体系的建设。依靠这些工程措施和沿黄广大军民的严密防守，取得了半个多世纪伏秋大汛不决口的辉煌成就，扭转了历史上频繁决口改道的险恶局面，保障了黄淮海平原12万km²防洪保护区的安全和稳定发展，取得了巨大的经济效益和社会效益。据初步估算，防洪减灾直接经济效益5 000多亿元，间接效益与社会效益更是无法估量。

(一)下排工程

新中国成立后，黄河由分区治理走向统一治理，首要任务是保证黄河不决口。按照各个时期河道淤积情况，对黄河下游大堤进行了3次大规模的加高培厚，自下而上开展了河道整治，并对河口进行了治理，控制洪水泥沙排泄入海。

第一次大修堤是在解放战争期间复堤的基础上，从1950年至1957年，第二次大修堤是1962～1965年，第三次大修堤是1974～1985年。之后，随着河床的淤积抬高，有计划地进行了堤防建设。东坝头以上普遍加高了2～3 m，东坝头以下加高了4～5 m。除堤防加高外，还采用放淤固堤、前后戗、锥探压力灌浆等措施对堤防进行了加固，对历史上形成的134处老险工进行了石化及加高改建。目前正在开展标准化堤防建设。经过半个世纪的努力，已将历史上低矮残破的千里大堤变成了战胜洪水的重要屏障。目前黄河下游除南岸邙山及东平湖至济南区间为低山丘岭外，其余全靠堤防挡水。下游临黄大堤总长 1 371.2 km，其中左岸从孟县中曹坡至利津四段，长 747 km；右岸从邙山头至垦利二十一户，长 624.2 km(含孟津堤7.6 km)。各河段堤防的设防流量分别为花园口 22 000 m³/s，高村20 000 m³/s，孙口 17 500 m³/s，艾山以下 11 000 m³/s。

黄河下游河道善淤多变，水流散乱，主流摆动频繁，容易产生大溜顶冲大堤的被动局面，抢护不及即导致冲决。为了控导河势，减少洪水直冲堤防的威胁，20 世纪 50 年代以来，自沁口以下河段开始，有计划地向上进行了河道整治。在充分利用险工的基础上，修建了大量的控导工程，与险工共同起到控导河势，减少"横河"、"斜河"发生的几率。经过多年的建设，黄河下游目前已建成控导工程 205 处，坝垛 3 887 道。陶城铺以下河段已成为河势得到控制的弯曲性河道，高村至陶城铺过渡性河段的河势得到基本控制，高村以上游荡性河段布设了一部分控导工程，还需要进行大规模的整治。

(二)上拦工程

为了有效地拦截洪水和泥沙，在黄土高原坚持不懈地开展了水土保持，在中游干支流上先后修建了三门峡水利枢纽、陆浑水库、故县水库和小浪底水利枢纽。

三门峡水利枢纽是黄河中游干流上修建的第一座大型水利枢纽工程，位于河南省陕县(右岸)和山西省平陆县(左岸)，控制黄河流域面积 68.84 万km²。目前，水库防洪最高滞洪水位 335 m，相应库容为 96.4 亿 m³，防洪库容约 60 亿 m³；最高防凌蓄水位 326 m，防凌库容 18 亿 m³。水库控制了河口镇至龙门区间和龙门至三门峡区间两大洪水来源区的洪水，并对三门峡至花园口区间洪水起到错峰和补偿调蓄的作用，削减花园口 100 年一遇洪峰流量 1 400 m³/s 左右，削减 1 000 年一遇洪峰流量约 4 800 m³/s。使黄河下游花园口设防流量 22 000 m³/s 洪水的重现期由 30 年提高到 40 年，完成拦沙 49 亿 t，减少下游河道淤积约 30 亿 t。在防凌方面，水库利用有限的库容调节水量，减轻凌灾损失。

陆浑水库位于支流伊河中游的河南省嵩县境内，控制流域面积 3 492 km²。水库总库容 13.9 亿 m³，其中蓄洪库容 2.5 亿 m³。水库对花园口 100 年一遇洪峰流量削减 510～1 680 m³/s，使 1 000 年一遇洪水流量削减 1 300～3 620 m³/s。与三门峡水库联合运用，使黄河下游花园口设防流量 22 000 m³/s 洪水的重现期由 40 年提高到 50 年。

故县水库位于黄河支流洛河中游的峡谷区，地处河南省洛宁县境内，控制流域面积 5 370 km²。水库总库容 11.75 亿 m³，其中蓄洪库容近期为 7 亿 m³，远期为 5 亿 m³。水库使花园口 100 年一遇洪峰流量削减 520～1 470 m³/s。与三门峡、陆浑水库联合运用，使黄河下游花园口设防流量 22 000 m³/s 洪水的重现期由 50 年提高到 60 年。

小浪底水库已于 1999 年 10 月下闸蓄水，投入防洪运用。小浪底水利枢纽位于黄河干流最后一个峡谷的下口，上距三门峡大坝 130 km，控制流域面积 69.4 万 km²(占黄河总流域面积的 92%)，控制黄河 90% 的水量和几乎全部的泥沙，具有承上启下的作用，是防治黄河下游水害、开发黄河水利的重大战略措施。枢纽的开发任务为：以防洪(包括防凌)减淤为主，兼顾供水、灌溉和发电，除害兴利，综合利用。小浪底水库正常蓄水位 275 m，总库容 126.5 亿 m³，其中长期有效库容 51 亿 m³(防洪库容 40.5 亿 m³，调水调沙库容 10.5 亿 m³)，拦沙库容 75.5 亿 m³。

在防洪方面，小浪底水库可保持长期防洪库容 40.5 亿 m³，与已建的三门峡、故县、陆浑水库联合运用，可将黄河下游花园口 1 000 年一遇洪水由 42 300 m³/s 削减至 22 600 m³/s，接近下游大堤的设防流量 22 000 m³/s，100 年一遇洪水由 29 200 m³/s 削减至 15 700 m³/s，1 000 年一遇以下洪水可不用北金堤滞洪区，使下游抗御大洪水能力进一步增强。同时，减轻了三门峡水库的防洪负担，蓄洪运用几率大为减少，从而可减少三门峡库区的淤积量。

在减淤方面，小浪底水库有拦沙库容 75.5 亿 m³，可拦沙 100 亿 t，减少下游河道泥沙淤积 76 亿 t，约相当于 20 年的淤积量。同时，小浪底水库可保持长期调水调沙库容 10.5 亿 m³，水库调水调沙运用改善了水沙关系，加大了河道的输沙能力，维持河槽过洪流量，可以使有限的输沙水量发挥较大的减淤作用，尽可能延长其拦沙减淤年限。

在防凌方面，小浪底水库预留防凌库容 20 亿 m³，凌汛期与三门峡水库联合运用，控制下泄流量不超过 300 m³/s，可基本解除下游凌汛威胁。

(三)两岸分滞工程

为了防御更大洪水和减轻凌汛威胁，开辟了北金堤、东平湖滞洪区及齐河、垦利展宽区，用于分滞超过河道排洪能力的洪水。

东平湖滞洪区处于黄河与大汶河下游冲积平原的洼地上，用于削减艾山以下窄河段的洪水。滞洪区由隔堤(称为二级湖堤)隔为新、老两湖区，大汶河注入老湖区。滞洪区工程包括：围坝 77.829 km，二级湖堤 26.73 km；进水闸有石洼、林辛、十里堡 3 座；退水闸为陈山口、清河门 2 座，由于黄河淤积抬高，退水越来越困难。湖区总面积 627 km²，容积 30.5 亿 m³，人口 33.81 万人，耕地 47.7 万亩。围坝设计分洪水位 45 m，全湖区设计最大分洪流量 7 500 m³/s，考虑老湖区底水 4 亿 m³，大汶河来水 9 亿 m³，设计分蓄黄河洪水 17.5 亿 m³。

北金堤滞洪区位于黄河下游左岸临黄大堤和北金堤之间。目前主要工程包括：北金堤、渠村分洪闸(设计分洪能力 10 000 m³/s)及张庄退水闸(设计泄水流量 1 000 m³/s)。滞洪区面积 2 316 km²，有人口 170 万人，耕地 240 万亩，还有国家大型企业中原油田。下端运用水位 47.6 m，总容积 20.7 亿 m³，考虑金堤河来水 0.7 亿 m³，设计分蓄黄河洪水 20 亿 m³。

大功分洪区位于黄河下游北岸河南省封丘县境内，滞洪区面积 2 040 km²。在 1985 年国务院批转的黄河防御特大洪水方案中，明确大功分洪区为黄河防御特大洪水的临时分洪区。分洪区只有简易的溢洪堰，区内无任何避洪设施。

齐河展宽区位于山东省齐河县，主要是为防凌修建的。展宽区工程包括：展宽堤、分洪闸 2 座(设计分洪流量 2 800 m³/s)及大吴泄洪闸(设计退水流量 300 m³/s)。区内总面积 106 km²，有耕地 6.64 万亩，人口 5.21 万人。设计滞洪水位 31.58 m，总容积 4.75 亿 m³，有效分洪容积 3.9 亿 m³。

垦利展宽区位于山东省垦利县，建设目的与齐河展宽区基本相同。展宽区工程包括：展宽堤、麻湾分洪闸(设计分洪流量 2 350 m³/s)及章丘屋子泄洪闸(设计退水流量 1 530 m³/s)。区内总面积 123.3 km²，有耕地 10.1 万亩，人口 5.11 万人。设计分洪水位 13 m，总容积 3.27 亿 m³。

二、黄河上中游干流及主要支流治理

黄河上游宁蒙河段、中游禹潼河段和潼三河段等干流河段，以及沁河下游、渭河下游等主要支流，治理已初见成效，大大减少了水患灾害。

上游宁夏、内蒙古平原河道建成了一批防洪工程，已建堤防长 1 419.15 km，河道整治工程 117 处，工程长度 113.81 km，坝垛 1 428 道，在防洪防凌方面发挥了巨大作用。中游禹门口至潼关河段冲淤变化剧烈，为了控制河势，保护沿黄村庄和重要提灌站引水，已修建各类护岸及控导工程 31 处，工程总长度 127.62 km。潼关至三门峡大坝河段，为防止水库蓄水塌岸，保护建库时后靠在高岸上的移民村庄、土地等，修建了护岸工程 41 处，长 64.2 km。

对沁河下游堤防及险工进行了三次大规模的建设，现有堤防 161.63 km，险工 48 处，坝垛 763 道，有效地抗御了洪水，保障了沁河左岸的华北平原的安全。在渭河下游修建了堤防及河道整治工程，现有干堤 191.87 km，河道整治工程 57 处，坝垛 1 113 道，保护了关中平原及返库移民的安全。本次防洪规划涉及的 33 条(38 段)支流，现状已建堤防及护岸工程长 3 400.52 km，河道整治工程 163.25 km。上述工程对保护支流两岸地区防洪安全，减免洪水灾害发挥了重要作用。

三、水土保持

新中国成立以来，黄土高原地区开展了大规模的水土流失治理，取得了显著的成效。特别在一些重点治理区，一大批综合治理的小流域，其治理程度已达 70%以上，成为当地发展农林牧副业生产基地。现状水土流失初步综合治理面积累计达到 18 万 km²，其中建成骨干坝 1 390 座，中小型淤地坝 11.2 万座，塘坝、涝池、水窖等小型蓄水保土工程 400 多万处，兴修基本农田 9 700 万亩，营造水土保持林草 11.5 万 km²。20 世纪 70 年代以来，水利水保措施年均减少入黄泥沙 3 亿 t 左右，占黄河多年平均输沙量的 18.8%，累计减沙规模约相当于小浪底水库的拦沙量，减缓了下游河床的淤积抬高速度，为黄河安澜做出了贡献。同时，现有治理措施平均每年可增产粮食 50 多亿 kg，解决了 1 000 多万人的温饱问题，在一定程度上改善了农业生产条件和生态环境，局部地区的水土流失和荒漠化得到了遏制。

四、城市防洪

随着城市化步伐的加快、城市经济发展和规模的日益扩大，城市的防洪问题也越来越突出，先后在沿黄河干流和主要支流的大中城市修建了防洪排涝工程。在本次规划涉及的 14 座城市中，累计修建城市防洪堤 1 139.6 km，防冲护岸工程 271.4 km，防洪墙 46 km，防洪渠道 765.4 km，并兴建了与城市防洪密切相关的防洪水库 18 座、分滞洪区 24 处。

第二节　洪水泥沙灾害

一、黄河下游洪水泥沙灾害及其严重影响

黄河下游是举世闻名的"地上悬河"，洪水灾害历来为世人所瞩目，历史上被称为中国之忧患。据不完全统计，从公元前602年(周定王五年)至1938年的2 540年间，下游决口泛滥的年数有543年，决口达1 590余次，经历了5次重大改道和迁徙。洪水泥沙灾害波及范围西起孟津，北抵天津，南达江淮，遍及河南、河北、山东、安徽和江苏等5省的黄淮海平原，纵横25万 km²，给国家和人民带来了深重的灾难。

由于黄河下游河道高悬于两岸平原之上，洪水含沙量大，每次决口，水冲沙压，田庐人畜荡然无存者屡见不鲜，灾情极为严重。1761年(清乾隆二十六年)，三门峡至花园口区间发生特大洪水，花园口洪峰流量约32 000 m³/s，最大5日洪量达85亿 m³。武陟、荥泽、阳武、祥符、兰阳决口15处，并在中牟杨桥决口数百丈，大溜直趋贾鲁河，由贾鲁河、惠济河分道入淮，同时在下游曹县附近也发生决溢，使河南12个州(县)、山东12个州(县)、安徽4个州(县)被淹。

1843年(清道光二十三年)，三门峡以上发生历史特大洪水，三门峡洪峰达36 000 m³/s，最大5日洪量达84亿 m³。不仅陕县以上造成很大灾害，而且在中牟发生决口，全河夺溜，大溜分为两股直趋东南。正溜由贾鲁河经开封府中牟、尉氏，陈州府扶沟、西华等县入大沙河，东汇淮河归洪泽湖；旁溜由惠济河经开封府祥符、通许，陈州府太康，归德府鹿邑，颍州府亳州入涡，南汇淮河归洪泽湖。使河南的中牟、尉氏、祥符、通许、陈留、淮阳、扶沟、西华、太康、杞县、鹿邑，安徽的太和、阜阳、颍上、凤台、霍丘、亳州等地普遍受灾。

1855年(清咸丰五年)，河决兰阳铜瓦厢，并发生重大改道。溃水折向东北，至长垣分而为三：一由赵王河东注，一经东明之北，一经东明之南，三河至张秋汇穿运河，夺大清河由山东利津入海行河至今。溃水淹及封丘、祥符、兰阳、仪封、考城及直隶长垣等县，给泛区人民带来巨大的灾难。"菏泽县首当其冲"，"平地陡长水四五尺，势甚汹涌，郡城四面一片汪洋，庐舍田禾，尽被淹没"，"下游之濮州、范县、寿张等州县已据报被淹"。

本次受灾山东最重，水淹5府20余州(县)。此后，每当汛期水涨，水灾也就更加严重。

近代有实测洪水资料的1919年至1938年的20年间，就有14年发生决口灾害。1933年8月，陕县站出现洪峰流量22 000 m³/s的洪水，沙量高达36亿t，下游两岸发生50多处决口，受灾地区有河南、山东、河北和江苏等4省30个县，受灾面积6 592 km²，灾民273万人。该次洪水，长垣县受灾最重，据《长垣县志》记载："两岸水势皆深至丈余，洪流所经，万派奔腾，庐舍倒塌，牲畜漂没，人民多半淹毙，财产悉付波臣。县城垂危，且挟沙带泥淤淀一、二尺至七、八尺不等。当水之初，人民竞趋高埠，或蹲屋顶，或攀树枝，馁饿露宿；器皿食粮，或被漂没，或为湮埋。人民于饥寒之后，率皆挖掘臭粮以充饥腹。情形之惨，不可言状……"。由于本次洪水的暴雨中心在多沙粗沙区，水沙俱下，不仅灾区洪水泥沙灾害严重，而且使该年的输沙量及下游河道淤积量成为有记录以来的最大值，陕县年输沙量39.1亿t，下游高村以上河道淤积量高达17亿t。

1938年国民党政府为阻止日军西侵，于郑州花园口扒决黄河大堤，洪水经尉氏、扶沟、淮阳、商水、项城、沈丘至安徽进入淮河，使豫东、皖北、苏北44个县(市)受淹，泛区一片汪洋，受灾人口1 250万人，有300多万人背井离乡，89万人死于非命。滚滚洪流把大量的泥沙带入淮河，淤塞河道与湖泊。1947年黄河虽然回归故道，但是黄河遗留的影响仍很严重，致使淮河流域连年发生水灾。

黄河下游河道是海河流域和淮河流域的分水岭。现行河道东坝头以上行河历时已达500多年，东坝头以下河段行河历时140多年(扣除1938年花园口扒口南泛9年)。在以上行河时段内，较大的决口有115次，洪泛地区北抵卫河、徒骇河，南达淮河、小清河。

根据历史洪泛情况，结合现在的地形地物变化分析推断，在不发生重大改道的条件下，现行河道向北决溢，洪水泥沙灾害影响范围包括漳河、卫运河及漳卫新河以南的广大平原地区；现行河道向南决溢，洪灾影响范围包括淮河以北、颍河以东的广大平原地区。黄河洪水泥沙灾害影响范围涉及冀、鲁、豫、皖、苏5省的24个地区(市)所属的110个县(市)，总土地面积约12万km²，耕地约1.1亿亩，人口约9 064万人。就一次决溢而言，向北最大影响范围3.3万km²，向南最大影响范围2.8万km²。黄河下游不同河段堤防决溢可能波及范围详见表2-1。

表 2-1　黄河下游不同河段堤防决溢可能波及范围

岸别	决溢堤段	洪水泥沙波及范围		涉及主要城市、工矿及交通设施
		面积(km²)	边界范围	
北岸	沁河口—原阳	33 000	北界卫河、卫运河、漳卫新河；南界陶城铺以上为黄河，以下为徒骇河	新乡、濮阳市，京广、京九、津浦、新菏铁路，中原油田
	原阳—陶城铺	8 000～18 500	漫天然文岩渠流域和金堤河流域；若北金堤失守，漫徒骇河两岸	濮阳市，新菏、津浦、京九铁路，中原油田、胜利油田北岸
	陶城铺—津浦铁桥	10 500	沿徒骇河两岸漫流入海	滨州市，津浦铁路，胜利油田北岸
	津浦铁桥以下	6 700	沿徒骇河两岸漫流入海	滨州市，胜利油田北岸
南岸	郑州—开封	28 000	贾鲁河、沙颍河与惠济河、涡河之间	郑州(部分)、开封市，陇海、京九铁路
	开封—兰考	21 000	涡河与沱河之间	开封、商丘市，陇海、京九铁路，淮北煤田
	兰考—东平湖	12 000	高村以上决口，波及万福河与明清故道之间及邳苍地区；高村以下决口，波及菏泽、丰县一带及梁济运河、南四湖，并邳苍地区	菏泽市，陇海、津浦、新菏、京九铁路，兖济煤田
	济南以下	6 700	沿小清河两岸漫流入海	济南(部分)、东营市，胜利油田南岸

　　黄河下游两岸平原人口密集，城市众多，有郑州、开封、新乡、濮阳、济南、菏泽、聊城、德州、滨州、东营以及徐州、阜阳等大中城市，有京广、津浦、陇海、新菏、京九等铁路干线以及很多公路干线，还有中原油田、胜利油田、兖济煤田、淮北煤田等能源工业基地。目前，黄河下游悬河形势加剧，防洪形势严峻，黄河一旦决口，势必造成巨大灾难，将打乱我国经济社会发展战略部署。据初步估算，如果北岸原阳以上或南岸开封附近及其以上堤段发生决口泛滥，直接经济损失将超过 1 000 亿元。除直接经济损失外，黄河洪水泥沙灾害还会造成十分严重的后果，大量铁路、公路及生产生活设施，治淮、治海工程和引黄灌排渠系都将遭受毁灭性破坏，造成群众大量伤亡，泥沙淤塞河渠，良田沙化等，对经济社会发展和生态环境造成的不利影响长期难以恢复。

　　黄河下游的历史灾害和现实威胁充分说明黄河安危事关重大，它与淮河、海河流域的治理，与黄、淮、海平原的国计民生息息相关。随着黄淮海平原经济社会的快速发展，对下游防洪提出了越来越高的要求，确保黄河下游防洪安全，对全面建设小康社会具有重要的战略意义。

二、上中游干流及主要支流洪水灾害

(一)上中游干流

新中国成立前由于上游河段防洪工程残缺不全，历次大洪水均造成严重人员伤亡，大量房屋倒塌，大片耕地受淹等重大灾情。兰州河段自明代至 1949 年有记载的大洪灾有 21 次之多；宁夏河段自清代至 1949 年，有记载的大洪灾有 24 次，同期内蒙古河段则发生大洪灾 13 次。1904 年 7 月，兰州洪峰流量 8 500 m³/s，造成兰州受淹面积 1 500 余万亩，受灾人口 2.8 万人，毁房 1.74 万间；宁夏"民田庐舍淹没无数，沿黄各县夏禾实收五分左右"，内蒙古"黄河水涨，淹没成灾，五原一带民舍多被毁伤"。1934 年洪灾，黄河磴口洪峰流量 2 500 m³/s，宁夏沿河一带到处漫淹，冲去村落 1 000 余处，灾民数十万人；内蒙古沿河房屋倒塌，交通断绝，19 个乡、300 余村庄均泡在水中。

新中国成立后，虽然加大了上游河段的治理力度，但防洪工程体系不完善，工程标准低，质量差，仍造成 1964 年、1967 年、1981 年等洪灾，其中以 1981 年为重。该年 9 月上旬，兰州洪峰流量 5 600 m³/s，淹没 30 个乡 10 万多亩农田，冲毁房屋 4 000 间，7.4 万人被迫搬迁，造成直接经济损失 2 000 万元；宁蒙河段 53 万亩农田、草场及 100 多个村庄被淹，8 300 多间房屋倒塌，输电线路、扬水站、公路等多处基础设施被毁，数万头牲畜伤亡，直接经济损失 3 400 多万元，灾情十分严重。

除洪水灾害，宁蒙河段凌汛灾害也十分严重。1974 年 3 月，宁夏河段由于冰塞，水位抬高，凌汛共淹地 4 000 余亩，倒房 260 间，损失粮食 1 万余 kg。内蒙古河段春季凌汛多发，20 世纪 60 年代以前年年都有不同程度的凌汛灾害发生。据记载，1926 年、1927 年、1933 年、1945 年、1950 年、1951 年曾发生严重的凌灾。其中 1945 年凌灾导致临河县城被淹，1951 年春季凌汛导致黄河堤防决口 11 处，淹没土地 76 000 亩，被淹人数 2 450 人，倒塌房屋 568 间。1981 年凌汛淹没耕地 4.5 万亩，倒塌房屋 914 间，渠道等基础设施大量被毁。此次防凌，动用"运五"侦察机、轰炸机数架次，投弹 42 枚，炸药 1.2 t，草袋、麻袋 5 000 多条。1986 年以来，凌汛期堤防决口 5 次，其中 2003 年内蒙古达拉特前旗河段在流量 1 000 m³/s 左右堤防就发生了决口。

中游的禹门口至潼关河段，河槽平面摆动迅速频繁，历史上素有"三十年河东，三十年河西"之说。受河水侵袭，山西省河津、荣河、永济县城及陕西省的朝邑县城、芝川镇被迫搬迁，1923年、1932年、1940年、1942年河水先后侵入旧城，1950年8月两次大水，先后造成40余人死亡，受灾面积9万亩。黄河主流摆动不定，两岸滩地时而此增彼减，时而此减彼增，两岸群众为争种滩地常起纠纷，打斗不断，明、清两代均为朝廷派官员进行调节，直至民国期间两岸仍纠纷不断。新中国成立后，为协调两岸矛盾，经国务院批准，1985年开始成立统一管理机构，开创了团结治河的新局面。但由于黄河河情复杂，已建工程不完善，河势变化造成的塌滩、塌岸现象仍不断发生，1955~1980年，该段塌失高岸土地1.8万亩，迁移58个村、2.5万人，近10多年来，两岸塌滩、塌岸总长达50多km，塌毁耕地面积9万多亩，滩岸造成机电灌站被毁，给当地群众带来沉重的经济负担。

潼关至三门峡大坝河段，在三门峡建库前，陕西省潼关、山西省平陆、河南省陕县、灵宝县城均在黄河边，地势较低，1589年、1646年、1864年、1887年大水，均造成大量民房被毁。三门峡水库建成后，随着水沙条件和水库运用方式的变化，库区上段主流摆动频繁，中下段风浪淘刷库岸，造成严重的塌岸、塌滩现象，据不完全统计，近20万亩耕地、数百眼机井、数十座扬水站被毁，搬迁人口1.2万多人。

(二)主要支流

黄河多数支流历史上都曾是多灾河流。由于支流两岸多是地区经济、文化中心，洪灾往往造成较大的人员伤亡和巨大的财产损失，而且随着区域经济社会的不断发展，洪灾程度也越来越严重。

主要支流沁河下游历史上洪水灾害频繁，灾情十分严重。据历史记载，从三国时的魏景初二年(公元238年)起至民国三十七年(1948年)的1711年间，沁河计有117年决溢，决口293次。明代以前多为溢，明永乐以后溢与决并记，且决多于溢。发生区域主要在今济源、沁阳、博爱、温县、武陟一带。受灾范围：北至卫河，南至黄河。其中近代1947年8月6日，武陟北堤大樊决口，口宽238m，洪水挟丹河夺卫河入北运河，泛区面积达400余km²，淹及武陟、修武、获嘉、新乡、辉县5县的120多个村庄，灾民20余万人，给沿河人民带来了沉重的灾难。沁河洪水曾使沁阳城被灌2次，武陟县城被灌3次，汲县城被灌3次。此外，抗日战争期间，国民党军队与日本侵略军，为了以水代兵，竞相扒堤决口，给沿河群众带来很大灾害。

渭河是黄河的第一大支流，据 1401~1995 年统计，渭河流域发生洪灾的年数为 232 年，涝灾的年数为 100 年，其中有 74 年是洪、涝灾害同时发生，洪灾平均 2.6 年一次。1898 年、1911 年和 1933 年洪水，均造成大范围灾害。1981 年洪水，咸阳、华县站洪峰流量分别为 6 210 m³/s、5 380 m³/s，宝鸡市渭河堤防决口 17 处，多处桥涵路基、房屋被冲毁，陇海铁路中断，农作物受灾面积 10.7 万亩，受灾人口 8.7 万人，直接经济损失 3.31 亿元；渭河下游临潼南屯堤段决口，淹没耕地 1.7 万亩。

20 世纪 90 年代以来渭河下游河道泥沙淤积严重，洪水灾害增加，"92·8"、"96·7"和"2000·10"等洪水均造成渭河下游受灾，经济损失严重。1996 年 7 月，南山支流和渭河干流(华县站洪峰流量 3 500 m³/s)发生洪水，造成 310 国道中断，损坏和倒塌房屋 1.45 万间，淹没耕地 35.6 万亩，直接经济损失 4.2 亿元。2003 年 8 月下旬~10 月上旬，渭河下游连续发生了 6 次大洪量、长历时、高水位的洪水过程，河道全部漫滩，堤防全线偎水，致使堤防工程、河道整治工程、水文测报设施水毁严重，渭河下游干流堤防决口 1 处，南山支流堤防决口 10 处，给渭南市临渭区、华县、华阴等地造成严重灾害。据陕西省统计，受灾人口近 60 万人，迁移人口 29 万人，总受灾面积 137.8 万亩，绝收面积 122 万亩；倒塌房屋 18.7 万间；损坏大量水利设施、桥涵、公路、输电线路等，直接经济损失达 28 亿元。

第三节　防洪形势及问题

经过半个世纪坚持不懈的努力，黄河的防洪治理取得了很大的成效。但是，黄河水少沙多，水流含沙量高，泥沙淤积河道，泥沙问题长期难以得到解决，消除黄河水患是一项长期的任务。随着改革开放的深入和经济建设的迅速发展，对黄河防洪治理提出了更高的要求，流域的情况也在发展变化，防洪面临着一些突出的问题需要解决。

一、存在的主要问题

(一)黄河下游洪水泥沙威胁依然是心腹之患

黄河下游的水患不仅是洪水造成的，而且主要是泥沙淤积河道、主流游荡多变引起的，泥沙是其症结所在。目前，小浪底水库已建成投入运用，下游稀遇洪水得到有效控制，河床淤积在一定时期内得到缓解，但黄河下游泥沙淤积问题长期难以根本解决，下游堤防质量差，河势变化大，中常洪水也可能"冲决"和"溃决"大堤，防洪形势仍很严峻，突出问题主要有以下几个方面。

1. 泥沙问题在相当长时期内难以解决，历史上形成的"地上悬河"局面将长期存在，近年来"二级悬河"日益加剧

大量的泥沙淤积在下游河道，使河道日益高悬，冲淤变化异常复杂是黄河下游水患威胁严重又难于治理的根本原因。根据实测资料分析，1950~1998 年，下游河道共淤积泥沙约 92 亿 t，与 20 世纪 50 年代相比，河床普遍抬高 2~4 m。1996 年 8 月花园口站出现 7 600 m³/s 的中常洪水，其洪水位比 1958 年 22 300 m³/s 时的洪水位还高 0.91 m。

黄河下游河道不仅是"地上悬河"，而且是槽高、滩低、堤根洼的"二级悬河"，近年来"二级悬河"日益加剧。黄河下游"二级悬河"于 20 世纪 60 年代在东坝头—高村河段的部分断面开始出现。20 世纪 80 年代中期以来，受降雨减少、用水增加、水库调节、下游生产堤制约等因素影响，下游河道主槽泥沙淤积比例迅速加大，陶城铺以上河段主槽淤积比例由以前的 30%增加到 70%，陶城铺以下河段 90%以上淤积在主槽，平滩流量由 80 年代初的 6 000 m³/s 减少为目前的 2 000~3 000 m³/s，"二级悬河"呈越来越严峻之势。目前滩唇一般高于黄河大堤临河地面 3 m 左右，最大达 4~5 m。其中东坝头至陶城铺河段滩面横比降达 1‰~2‰，而河道纵比降为 0.14‰，是下游"二级悬河"最为严重的河段。一旦发生较大洪水，由于河道横比降远大于纵比降，滩区过流比增大，增加了主流顶冲堤防、产生顺堤行洪，甚至发生"滚河"的可能性。目前黄河下游高村以上河段发生"横河"、"斜河"的几率，由 1985 年以前的平均每年 5 次增加为平均每年 9 次。

1999 年 10 月小浪底水库投入运用后，下游河道淤积状态有所缓和，1999 年 10 月~2004 年 7 月，下游河道冲刷泥沙 9.7 亿 t。小浪底水库可拦沙 100 亿 t，减少下游河道淤积 76 亿 t，约相当于下游河道 20 年的淤积量。但是，小浪底水库拦沙运用结束后，下游河道仍然会发生全面淤积抬高。水土保持是减少入黄泥沙的根本措施，但黄土高原水土流失面积广大，地形复杂，气候恶劣，需要长期治理，依靠水土保持在短期内显著减少入黄泥沙是不现实的；利用中游水库拦沙减淤比较明显，但拦沙期有限。因此，

泥沙问题在短期内难以根本解决，历史上形成的"地上悬河"局面将长期存在，加之"二级悬河"形势严峻，从而决定了黄河下游防洪治理的长期性和复杂性。

2. 小浪底至花园口区间洪水尚未得到控制，对下游防洪威胁仍然较大

小浪底至花园口的无控制区(即小浪底、陆浑、故县至花园口区间)100年一遇和 1 000 年一遇设计洪水洪峰流量分别为 12 900 m³/s 和 20 100 m³/s，考虑该区间以上来水经三门峡、小浪底、陆浑、故县四座水库联合调节运用后，花园口 100 年一遇和 1 000 年一遇洪峰流量分别达 15 700 m³/s 和 22 600 m³/s。由于该类洪水上涨速度快，预见期短，将使长期不临水的黄河下游大堤迅速高水位临洪，对堤防安全威胁较大。而陶城铺以下窄河段设防流量只有 11 000 m³/s(黄河干流下泄 10 000 m³/s，右岸山区支流加水 1 000 m³/s)，在东平湖分洪运用条件下，才能满足要求；两岸堤防设防流量的重现期只有近 30 年。

3. 堤防质量差，险点隐患多，仍有溃决的可能

黄河下游堤线漫长，是在原有民埝的基础上逐步加高培厚而成的，存在众多隐患和险点，质量较差。主要表现在以下五个方面：

一是受当时技术、设备和社会环境等条件的限制，历史上修筑的老堤普遍存在用料不当、压实度不够等问题。

二是修堤土质多属沙壤土、粉细沙，不但渗透系数大，且抗水流冲刷和风浪淘刷能力低，局部用黏土修筑的堤防，由于堤防长期不靠水，形成大量干缩裂缝。据 2000 年 9 月对黄河下游开封段堤防探测结果，在 39.3 km 的堤段内就发现各种隐患 148 处，其中裂缝 108 处，不均匀体 40 处。特别是黄河堤身多为沙质土，即使按设计要求修建，遇大洪水时防守仍然十分困难。如 1997 年和 1998 年进行的 1:1 原型堵漏实战演习，在人员、料物、设备齐全的情况下，经全力抢护，也没有堵住模拟口门。

三是黄河下游堤基复杂，特别是老口门堤基达 390 多处，在堵口时将大量的秸料、木桩、麻料、砖石料等埋于堤身下，形成强透水层，口门背河留有潭坑和洼地，遇洪水时极易发生险情。如"96·8"洪水期间，河南封丘荆隆宫老口门堤段在距背河堤脚约 300 m 处发现管涌。

四是獾狐、鼠类等动物在堤防上打洞，造成堤防上洞穴隐患较多，每年堤防检查都发现几十处獾洞，在堤身内还有人为挖的战壕、防空洞、藏物洞、墓坑、树坑等空洞，这些洞穴较为隐蔽，不易发现。

五是引黄涵闸、虹吸等穿堤建筑物较多，这是影响堤防安全的一大隐患。

上述问题的存在，造成每遇洪水，险情丛生。1982 年花园口站发生洪峰流量 15 300 m³/s 的洪水，两岸大堤出现漏洞 3 个、陷坑 27 个、管涌 83 处、裂缝 26 段、渗水 87 段、脱坡 8 段等险情。再如"96·8"洪水，花园口站洪峰流量仅 7 600 m³/s，堤防就发生险情 170 多处。2003 年 9~10 月，兰考蔡集控导工程附近生产堤溃决，东明 40 多 km 堤防靠水历时长达一个半月，偎堤水深一般 3~5 m，造成临河堤坡脚滑塌、背河渗水、管涌等严重险情，其中渗水堤段有 7 处，背河堤坡出逸高度几乎与临河水位相同；背河堤脚外出现了长 200 m、宽 50~90 m 的管涌群，孔径 0.2~0.5 cm，对堤防安全威胁非常严重。

4. 河道整治工程不完善，已建工程标准低，主流游荡变化剧烈，严重危及堤防安全

高村以上河段长 299 km，是黄河下游防洪的重要河段。该河段河道整治难度大，且起步较晚，布点工程还没有完成，现有工程不完善，还不能控制河势，主流游荡变化仍然很剧烈，中小洪水时常形成"横河"、"斜河"，大洪水时甚至形成"滚河"，主流直冲大堤，一旦抢护不及，主流可能冲决大堤。如 1993 年 9 月，在黄河流量只有 1 000 m³/s 的情况下，开封河段发生"横河"顶冲，高朱庄出现重大险情，滩地坍塌仅剩 80 m 宽，经 2 000 多名军民昼夜抢修 8 个垛才得以控制。从历年的主流线套绘图上看出，近年来宽河段主流仍然摆动 3~5 km。高村以下河段的河势已经得到了基本控制，但由于近年来水沙条件变化较大，河势上提下挫，时常超出工程控制范围，有的已威胁堤防安全，需要引起高度重视。现状河道整治工程普遍存在的问题是，工程标准低，坝顶高程不足，根石坡度陡，深度浅，稳定性差，特别是一些险工砌石坝，经过多次戴帽加高，坦石坡度仅为 1:0.3~1:0.4，根石薄弱，头重脚轻，经常发生整体滑塌险情。许多已建工程长度不足，尚需续建完善；大量的老险工和控导工程是在抢险的基础上修建的，影响导流效果，需要调整改建。

小浪底水库建成后，中常洪水出现的几率并未改变，同时，根据三门峡水库运用经验及小浪底水库近几年运用情况，小浪底水库初期下泄相对清水期间，下游河床将冲刷下切，河势变化加剧，滩岸坍塌，现有河道整治工程对下泄清水有一个逐步适应和调整加固的过程，工程出现险情的可能性将增加。而下游新修河道整治工程较多，需要经过多年加固才能逐步达到稳定,抢险任务较重。如 2003 年秋汛期间,黄河下游洪峰流量仅 2 500 m³/s 左右,由于长时间相对清水坐弯冲刷,造成控导工程 1 834 道坝垛出现重大险情,蔡集控导工程 34~35 号坝险被冲毁,一旦冲毁,河势将发生重大变化,主流很可能冲决东明黄河大堤。

5. 东平湖滞洪区围坝质量差,退水日趋困难,安全建设遗留问题较多

东平湖滞洪区是确保山东艾山以下河段防洪安全的一项重要分洪工程措施。该滞洪区的围坝是在 1958 年雨季抢修而成的,施工接头多,碾压不实,坝身质量差,坝基有多层古河道穿过,渗漏严重,围坝稳定性差。湖区内群众安全设施还不能满足要求,除部分避水村台达不到标准外,尚有 19.1 万人无避洪设施。由于黄河河道淤积抬高及湖区围湖造田,入黄退水排泄不畅,且越来越困难。

6. 黄河下游滩区群众安全设施少、标准低

黄河下游两岸大堤之间具有广阔的滩地(面积达 3 956 km²),既是行洪的通道,又是滞洪沉沙的重要区域;同时又居住着 179.3 万人,有耕地 375 万亩,滩区防洪也是黄河下游防洪的一项重要任务。目前存在的主要问题是:修筑的村台、避水台面积人均约 30 m²,现状与需要相比相差甚远;随着河槽的不断淤积,已修建的避水工程高度不够;交通道路稀少,救生船只短缺,大洪水时不能满足群众撤退转移的需要。

(二)黄河上中游干流河段及主要支流泥沙淤积河道排洪能力降低,防洪工程不完善

近年来宁蒙平原河道,由于龙羊峡、刘家峡水库调节改变了水沙过程,河槽淤积加重,堤防标准降低,河势变化频繁,滩岸坍塌,防洪防凌问题十分突出。现有 1 332.90 km 的干流堤防高度达不到设计标准,占干流堤防全长的 94%;堤防断面单薄,有 60.49 km 堤防宽度不足,且筑堤土料差,渗水、滑坡等险情较为严重;堤防残缺,凌汛漫淹发生灾情;支流入黄汇口处堤防工程标准低,受黄河洪水回水影响,存在漫溢决口的可能;河道整治工程数量少,上下游、左右岸互不协调,不能有效控制河势;两岸堤防上有各类穿堤建筑物多达 1 266 座,且质量差,已成为堤防安全的重大隐患。由于现有堤防和河道整治工程不完善,该河段洪、凌灾害仍有发生。据不完全统计,1979 年以来,沿河共冲毁农田 96.68 万亩、堤防 231 km、公路 651.2 km、房屋 22 565 间,受灾人口达 13.3 万人,给沿岸人民的生命财产造成了巨大的损失。

禹门口至潼关河段泥沙淤积影响严重，河势变化大，河道工程不完善，致使该河段冲滩塌岸加剧，引起大型提灌站脱流，危及沿河村庄和返库移民生活生产安全，急需增建防护工程。三门峡库区(潼三河段)护岸工程布局不合理，数量少，塌村、塌地、塌扬水站等塌岸现象时有发生，对原建库时后靠到高岸上的移民生活带来严重影响。

沁河上游缺少控制性骨干工程，下游防洪标准严重偏低，只有25年一遇；而且河槽不断萎缩，排洪能力降低，洪峰传播时间拉长，洪水位偏高；现有堤防质量差、隐患多，地方群众修建的13座穿堤砖闸，是影响堤防安全的重大隐患；险工不完善，河势变化大，平工堤段屡生险情，工程防守困难，洪水威胁华北平原的安全。

渭河下游河道淤积严重，排洪能力急剧下降。三门峡建库前，渭河下游属微淤性河道。三门峡水库运用初期，由于库区淤积迅速发展，潼关高程急剧升高，加剧了渭河下游淤积，洪水位升高。1973~1985年，随着三门峡水库泄洪设施的两次改建和运用方式的改变，潼关高程回落，并基本保持相对平衡状态，渭河下游淤积缓和。1986年以来，由于黄河和渭河来水偏枯，水沙条件恶化，渭河下游淤积严重，潼关高程随之回升，洪水灾害加剧，防洪问题突出。随着河道淤积抬高，现有堤防工程高度不足、堤身断面小、质量差的问题日益突出。河道整治工程少、长度短，不能满足控制河势的需要；已建工程标准低，老化严重。由于渭河下游河床逐步淤高，南山支流入渭不畅，堤防经常决口，灾情严重。

汾河、伊洛河、大汶河等主要支流，普遍存在着河道萎缩，排洪能力下降，堤防、护岸工程不完善，已建工程防洪标准低，老化失修，洪水淹没，河岸坍塌等问题，重大灾情屡有发生。

(三)水土流失尚未得到有效遏制

由于黄土高原水土流失面积广大，类型多样，自然条件差，治理难度大，水土流失尚未得到有效遏制。黄土高原地区治理水土流失面临的突出问题主要有以下几个方面：

一是长期以来投入严重不足，治理进度缓慢，现有治理标准低，工程不配套，林草成活率低。初步治理虽在一定程度上减少了入黄泥沙，改善了农业生产条件，但尚未有效控制水土流失，侵蚀模数仍远远高于国家规定的1 000 t/(km²·a)的轻度侵蚀标准，按现有的治理进度和标准，远不能适应减少入黄泥沙、改善当地生产生活和生态环境的要求。现有措施的维护、巩固、配套、提高的任务还很重。

二是多沙粗沙区治理严重滞后，淤地坝工程少。黄土高原 7.86 万 km² 的多沙粗沙区，产沙十分集中，既是黄河下游河道泥沙淤积的主要来沙区，又是经济落后、生态环境最为脆弱的地区。由于淤地坝工程少，拦减泥沙效果不明显。

三是预防监督和管理不力，边治理、边破坏的现象在一些地方还相当严重。随着人口迅速增长和大规模的生产建设活动，新的人为水土流失还在扩展。特别是在晋陕蒙、豫陕晋接壤地区煤炭和有色金属的开采过程中，忽视经济建设与环境保护的关系，使本来就十分脆弱的生态环境更加恶化；子午岭、六盘山林区面积也在逐年减少。随着中西部地区建设的加快，人类对自然的索取还会不断增加，产生新的水土流失因素增多，对环境的压力越来越大。

(四)病险水库多，严重威胁水库下游地区的安全

据统计，黄河干支流上共建有大、中、小型水库 3 100 余座，其中大中型水库 147 座。由于黄河流域现有水库多建于 20 世纪 50、60 年代，目前很多水库带病运行，成为病险水库。据初步统计，病害较重的大中型水库有 84 座(其中陆浑、巴家嘴等大型水库 12 座，中型水库 72 座)，小型病险水库更多。存在的主要问题有以下四种：

一是水库防洪标准低。水库防洪标准低，一种是泥沙淤积造成的，另一种是建设标准偏低。泥沙淤积是当前水库面临的主要问题，由于逐年淤积，使得一些水库防洪标准逐步降低，远达不到国家规定要求，对水库下游人民生命财产安全构成严重威胁。另外，20 世纪 50、60 年代兴建的水库无统一的防洪标准，工程建设标准偏低。如巴家嘴水库根据国标《防洪标准》(GB 50201—94)，其防洪标准为 100 年一遇洪水设计，2 000 年一遇洪水校核。但现状水库防洪标准仅能达到 850 年一遇，一旦遭遇 2 000 年一遇洪水，则有溃坝之危险。

二是坝体、坝基裂缝多，渗漏严重，库岸稳定性差，危及大坝安全。如羊毛湾水库大坝从 1990 年至今，坝面出现了五条纵缝和四条横缝；副坝段坝肩塌岸不断发展，危及副坝安全；左坝肩上游段长 263 m 的岸坡渗漏严重，年损失水量 1 000 万 m³。

三是泄水建筑物裂缝多，破损严重，消能设施不完善。由于工程的服役期较长，很多水库的溢洪道、泄洪洞等泄洪建筑物的闸墩、洞身等部位产生裂缝，损坏严重，闸门变形，金属构件锈蚀，漏水严重，启闭设施失灵。部分水库溢洪道无消能设施，有些水库海漫等消能设施损坏严重。

四是工程管理设施相对薄弱。防汛道路、通信和照明、工程和水文观测、预警预报系统等极不完善，管理手段和技术水平落后。如有些水库的观测设备，由于多年的使用已老化落后，不能对大坝的水位、沉降等进行正常监测；有些水库根本没有观测设备，严重影响对大坝的安全维护和监测，从而使大坝安全运行存在一定隐患。有些与大坝相连的防汛公路标准低、破损严重，且高低不平，又无防汛迂回通道，给防汛工作带来极大不便，难以应付突如其来的汛情、险情，不能及时运送防汛物料，错失抢险时机。

如不及时开展病险水库除险加固，一旦溃坝，洪水将淹没下游的城市、村镇，摧毁多年发展起来的国民经济基础设施，使大量的群众流离失所，势必对国家和人民生命财产安全造成巨大损失，严重影响国家和地方的经济发展和社会安定。尽快进行病险水库除险加固是十分必要的。

(五)城市防洪设施薄弱

黄河干流及主要支流沿岸的省会及重要地级市是黄河流域及下游沿黄地区的精华所在，人口及工业设施高度集中，是防洪的重点保护对象。随着城市发展，虽然对防洪工程也进行了相应建设，但总体来看，现状工程还不能适应国民经济发展的需要。当前存在的问题有：

一是防洪工程不完善，突出表现为部分防洪河段无防洪工程。随着近年来城市化进程的加快及城市规模的迅速发展，防洪工程的建设速度跟不上城市的建设与发展。特别是已纳入规划城区的原郊区防洪河段，多无防洪工程。一种情况是影响城区防洪安全的多条河流中，主要河流有工程措施，相对较小河流无防洪工程。另一种情况是城区经济繁荣或较发达区域附近河段有防洪工程，经济相对落后区域河段无防洪工程。

二是多数已建防洪工程标准低，老化失修，防洪体系整体效能未能充分发挥。现有的防洪工程与城市的总体经济发展水平及规划规模不相适应，防洪工程多建于20世纪60~80年代，有些工程甚至早在50年代修建。工程建设因陋就简，配套工程不全，防洪标准较低，多数只能防御3年一遇至20年一遇洪水，而且由于建成之后缺少应有的管护，加上工程年久失修、破损情况突出，表现为堤防薄弱，残缺不全，并且填筑质量差，险点、隐患普遍存在；河道整治工程较少，标准也比较低，控导河势能力差。总体上各防洪河段防洪标准不一，多数达不到设计要求，使得防洪体系整体防洪能力较低，洪灾频频出现。当务之急是完善防洪设施，并进一步提高防洪标准，提高防洪体系效能。

三是城市防洪沟渠、河道违章建筑多，淤积严重，泄洪能力差。由于近年来黄河流域处于少水时期，部分城区群众防洪意识淡化，河道内违章建筑屡禁不止，挤占行洪区。还有一些地方甚至将河道作为垃圾倾倒场所，河道行洪不畅，影响防洪安全。

四是防洪水库中病险工程比例较大，影响正常的防洪运用。水库普遍淤积严重，防洪库容减少，同时部分水库溢洪道标准不足，直接影响水库工程自身安全，对城市防洪带来巨大潜在威胁。另有部分水库防洪标准较低，与下游的城市防洪标准不适应，急需提高水库的防洪标准。

(六)防洪非工程措施不完善，工程管理设施落后，不能适应防汛抢险要求

防洪非工程措施及工程管理，对保障防洪安全具有长期的重要作用。目前，水文测验基础设施建设标准低，报汛通信手段落后；黄河通信交换系统需要更新或扩容，对全河通信设备缺乏监测管理，使网络运行可靠性降低。在工程管理方面，防汛抢险机械数量不足、设备陈旧；防汛道路少、标准低，难以满足大型抢险车辆的通行；工程隐患探测手段落后，不能及早发现险情。加之防洪指挥系统设备落后，机动抢险队伍配备不足，不能适应防洪抢险的快速多变要求。

二、面临的挑战

(一)人水关系不协调加剧了河道萎缩，排洪能力急剧降低，防洪难度加大

长期以来人类不遵循黄河自身发展的规律，"与河争地"、"与河争水"现象严重。由于工农业生产超量引水，大量挤占河流生态用水，加之1986年以来上游龙羊峡、刘家峡水库汛期蓄水，改变了水沙过程，下泄洪水减少，下游河道长期持续小流量下泄；再加上下游滩区群众自发修建生产堤，甚至抢占嫩滩地种植作物造成人为的行洪障碍，从而导致下游河道主槽淤积严重，河道持续萎缩，横比降加大，"二级悬河"形势不断加剧，大大降低河道排洪能力。目前，黄河下游的平滩流量已经从20世纪80年代初的6 000 m^3/s急剧下降到2 000～3 000 m^3/s，局部河段不足2 000 m^3/s。由于河道横比降远大于纵比降，漫滩水流以"横河"、"斜河"形势直冲大堤，严重危及堤防安全。2003年秋汛流量只有2 000 m^3/s左右，下游险情送出，蔡集工程前生产堤溃口造成滩区大量进水，顺堤行洪对堤防安全造成很大威胁。

由于长期超量引水，上中游干流及主要支流河床萎缩趋势日益扩展，同流量水位不断升高，甚至出现了以往只有下游河道才有的"地上悬河"形势。2003年，黄河干流内蒙古乌拉特前旗河段堤防在 1 000 m³/s 左右即发生决口。黄河的最大支流渭河，由于下游河道淤积加剧，主槽过洪断面缩窄近 1/3，2003年发生 5 年一遇的洪水就创造了自 1981年以来的历史最高水位。干支流河床持续萎缩的现实，已经凸显出黄河生命的脆弱。

由于人口剧增和自然资源开发强度的不断加大，黄土高原地区生态环境和经济社会发展之间的矛盾越来越突出，人为造成新的水土流失时有发生，加剧了黄河治理的困难局面。

(二)经济社会发展对防洪提出了更高的要求

随着经济社会的发展，人口增长，城市化步伐加快，基础设施不断增加，社会财富日益增长，而且人口和财富将向防洪保护区特别是城市汇集，洪水泛滥造成的损失将越来越大。我国正处于全面建设小康社会的关键时期，经济社会发展对黄河防洪提出了更高的要求。

就黄河下游而言，防洪保护区面积 12 万 km²，人口 9 064 万人，耕地约 1.1 亿亩，区内人口密集，城市众多，交通干线纵横交织，工农业生产发展迅速，是我国近期综合开发的重点地区。在现状情况下，下游现行河道一次决口直接经济损失 1 000 多亿元，还会造成大量人员伤亡，沙压损失不可估量，并对生态环境造成严重破坏，影响深远。随着经济社会的发展，黄河决口所造成的损失将会更加惨重，保护区对黄河防洪的要求越来越高。

在确保下游堤防不决口的前提下，滩区群众的防洪安全越来越提到重要议事日程上来。下游滩区既是行洪、滞洪、沉沙区，又是 179.3 万人赖以生存的家园，防洪压力很大。滩区广大群众为保证黄淮海平原的安全付出了很大牺牲，至今还生活在贫困线以下。如何妥善解决滩区群众的防洪安全，与全国人民一道脱贫致富奔小康，是防洪面临的一项紧迫而艰巨的任务。

第四节　主要经验与认识

根据黄河的自然特点和经济社会条件，总结历年防洪实践经验，使我们得到以下几点深刻认识。

一、黄河在较长时间内仍将是一条多沙河流，要充分认识防洪减淤的复杂性和长期性，防洪减淤是一项长期而艰巨的任务

黄河水少沙多、水沙关系不协调，具有特殊的复杂性，是世界上最难治理的河流。黄河多年平均年输沙量达16亿t之多，为世界大江大河之冠，防洪减淤不仅要有效控制洪水，还要妥善处理和利用泥沙。由于在相当长时间内黄河水少沙多、水沙关系不协调的局面难以根本改变，因此既要充分认识防洪减淤的迫切性，更要充分估计防洪减淤的长期性和复杂性，期望毕其功于一役，在短期内解决黄河防洪减淤问题是不现实的。黄河巨量的泥沙主要来自黄土高原，尤以河口镇至潼关区间7.86万 km² 多沙粗沙来源区的粗泥沙对黄河下游河道淤积最为严重。大力开展水土保持工作，是能够减轻土壤侵蚀和减少入黄泥沙的。现有水土保持和小型水利工程年均减沙效益也达3亿t，根据《黄河近期重点治理开发规划》，预计2010年减沙将达5亿t，至21世纪中叶，减沙将达8亿t。即使如此，到那时，黄土高原区还有8亿t泥沙进入下游河道，黄河仍将是一条多沙河流，而工农业用水猛增将大量挤占河道输沙用水，将使黄河水沙比例失调的势态日益突出，导致下游河道淤积发展趋势更加恶化。同时还必须看到，黄土高原地区治理难度非常大，中游骨干工程和放淤工程具有显著的减淤作用，但其容积和源源不断的泥沙相比是十分有限的。因此，黄河泥沙问题将导致防洪减淤是一项长期而艰巨的任务。

二、解决黄河的防洪问题必须治水治沙并重，各种治理途径和措施都要统筹考虑洪水和泥沙问题

黄河的洪水总是和泥沙相伴而行，紧密联系在一起的。黄河之所以复杂难治，关键是泥沙，必须治水治沙并重，统筹安排，通过多种途径，多种措施，互相配合，综合治理。

总结多年的治黄实践，解决黄河的洪水泥沙问题，必须采取综合措施，即按"上拦下排，两岸分滞"方针控制洪水；按"拦、排、放、调、挖"综合处理和利用泥沙。"上拦"就是根据黄河洪水陡涨陡落的特点，在中游干支流修建大型水库，以显著削减洪峰；"下排"即充分利用下游河道排洪入海；"两岸分滞"即在必要时将暂时拦不住而又排不走的洪水，利用滞洪区

分洪，滞蓄洪水。

　　泥沙问题是黄河难治的症结所在，也是黄河防洪的症结所在。"拦"主要靠中游地区的水土保持和干支流控制性骨干工程拦减泥沙。"排"就是通过各类河防工程的建设，将进入下游河道的泥沙利用现行河道尽可能多地输送入海。"放"主要是在中下游河道两岸低洼地带处理和利用一部分泥沙。"调"就是"调水调沙"，利用干流骨干工程调节水沙过程，使之适应河道的输沙特性，以利排沙入海，减少河道淤积和节省输沙水量。"挖"就是挖河淤背，加固黄河干堤，这是 20 世纪 90 年代以来，在吸取黄河下游放淤固堤经验的基础上，结合当前河道淤积严重局面和今后减轻主槽淤积的需要提出来的，也是解决黄河泥沙问题的一项重要措施。

　　"调水调沙"，是根据黄河水少沙多、水沙关系不协调的特点，在总结三门峡水库运用经验和下游河道有较大输沙能力的基础上提出的，并以小浪底水库为核心，正式进行了三次较大规模的试验(即 2002 年 7 月 4 日至 15 日、2003 年 9 月 6 日至 18 日和 2004 年 6 月 19 日至 7 月 13 日)，均达到了预期效果。以小浪底水库为主，与三门峡、万家寨、陆浑、故县等水库群联合调度，在花园口实现水沙"对接"，配合下游人工泥沙扰动，取得了巨大成功：一是制造了人工异重流，有效地调整了小浪底库区淤积形态，减缓了库区淤积；二是实现了黄河下游主槽全线冲刷，卡口河段的主槽过洪能力得到明显提高，使主槽过洪能力由第一次调水调沙期间的 1 800 m³/s 提高到 3 000 m³/s；三是进一步深化了对黄河大型水库、河道水沙运动规律的认识。由此可说明"调水调沙"是一项处理黄河泥沙较为长期的、行之有效的战略措施。

　　"放"主要是利用水流力量，辅以人工干预，尽量将危害下游河道的粗泥沙淤积在两岸低洼地带，减缓下游河道淤积。小北干流拥有 600 多 km² 的广阔滩区，其地理位置优越，正处在晋陕峡谷的出口至潼关河段之间，而且大部分是沙荒盐碱地，是拦减黄河粗泥沙进入三门峡、小浪底水库的优选地点。2004 年开展了无坝自流放淤试验，试验工程于 7 月上旬建成，随即转入试验阶段。根据来水来沙情况，先后进行了 6 轮放淤试验，最后一轮淤区淤积物中粗沙比例比进入淤区粗沙比例提高了 20%，取得了较好的效果。这说明把对下游河道淤积影响最严重的粗泥沙沉淀在淤区，而把细泥沙回归黄河是可以实现的。今后还可结合有坝放淤，规模更大，其放淤总量可达 100 亿 t，是处理黄河泥沙的又一战略措施。

三、解决黄河的防洪问题，不仅要重视工程措施，还要重视非工程措施，特别是运用高新技术

黄河防洪实践表明，工程措施和非工程措施都很重要，要协调配合，不可偏废。工程措施包括防洪水库、临黄大堤、河道整治工程、滞洪区建设等，随着国家财政投入的增加，已经并继续得到不断加强和完善。非工程措施包括防洪组织机构、人员培训、料物储备、通信设施、交通道路、水情测报、防洪调度等，也已得到不断提高和完善。两者相互配合，在50多年防洪运作中发挥了巨大作用，今后还要进一步加强。当今科学技术迅猛发展，信息网络覆盖各个领域，结合黄河实际，要充分运用高新技术，以信息化带动治黄现代化，建立起覆盖全流域的信息网络，对气象、雨情、水情进行适时监控，建立完善的预警、会商、防洪调度系统，为黄河防洪减灾提供技术支撑，力求做到及时发现、准确判断、快速机动，以应对各种险情，确保黄河防洪安全。

第三章　洪水、泥沙及河道冲淤

第一节　洪水及泥沙特征

一、洪水特征

(一)暴雨特征

黄河流域的暴雨主要发生在 6~10 月。开始日期一般是南早北迟，东早西迟。黄河上游的大暴雨，一般以 7 月、9 月份出现机会较多，8 月份出现机会较少。中游河口镇至三门峡区间(以下简称河三间)，大暴雨多发生在 8 月。三门峡至花园口区间(以下简称三花间)较大暴雨多发生在 7、8 两月，其中特大暴雨多发生在 7 月中旬至 8 月中旬。黄河下游的暴雨以 7 月份出现的机会最多，8 月份次之。

黄河流域的主要暴雨中心地带，上游为积石山东坡；中游为六盘山东侧的泾河中上游，山陕北部的神木一带；三花间为垣曲、新安、嵩县、宜阳以及沁河太行山南坡的济源、五龙口等地。

黄河上游的降雨特点是：面积大，历时长，但强度不大。如 1981 年 8 月中旬至 9 月上旬连续降雨约一个月，150 mm 雨区面积 116 000 km²，暴雨中心久治站自 8 月 13 日至 9 月 13 日，共降雨 634 mm，其中仅有一天雨量达 43 mm，其余日雨量均小于 25 mm。1967 年 8 月下旬至 9 月上旬和 1964 年 7 月中旬等几次较大洪水，其降雨历时都在 15 天以上，雨区笼罩兰州以上大部分流域。

黄河中游河口镇至龙门区间(以下简称河龙间)，经常发生区域性暴雨，其特点可概括为暴雨强度大，历时短，雨区面积在 4 万 km² 以下。如 1971 年 7 月 25 日，窟野河上的杨家坪站，实测 12 小时雨量达 408.7 mm，雨区面积为 17 000 km²。最突出的记录是 1977 年 8 月 1 日，在陕西、内蒙古交界的乌审旗附近发生的特大暴雨(暴雨中心在流域内的闭流区)，中心点 9 小时雨量达 1 400 mm(调查值)，50 mm 雨区范围为 24 650 km²。

龙门至三门峡区间(以下简称龙三间),泾河上中游的暴雨特点与河龙间相近。渭河及北洛河暴雨强度略小,历时一般2~3天,在其中下游,也经常出现一些连阴雨天气,降雨持续时间一般可以维持5~10天或更长,一般降雨强度较小,这种连阴雨天气发生在夏初时,往往是江淮连阴雨的一部分,秋季连阴雨则是我国华西秋雨区的边缘。如1981年9月上中旬,渭河、北洛河普遍降雨,总历时在半个月以上,其中强降水历时在5天左右,大于50 mm雨区范围为70 000 km²,这场降水形成渭河华县洪峰流量5 360 m³/s。

在出现有利的天气条件时,河龙间与泾、洛、渭河中上游两地区可同时发生大面积暴雨,这种大面积暴雨还有间隔几天相继出现的现象。如1933年8月上旬,暴雨区同时笼罩泾、洛、渭河和北干流无定河、延河、三川河流域,雨带呈西南东北向,雨区面积达10万 km²以上,主要雨峰出现在6日,其次是9日。这种雨型是形成三门峡大洪水和特大洪水的典型雨型。

三花间暴雨,发生次数频繁,强度也较大,暴雨区面积可达2万~3万 km²,历时一般2~3天。如1958年7月中旬暴雨,垣曲站7月16日雨量达366 mm,涧河任村日雨量达650 mm(调查值)。1982年7月底8月初的三花间大暴雨,7月29日暴雨中心石涡最大24小时雨量达734.3 mm,5日雨深200 mm以上,笼罩面积超过44 000 km²。据历史文献记载,1761年(乾隆二十六年)暴雨几乎遍及整个三花间,有关县志描述该场暴雨为"七月十五日至十九日暴雨五昼夜不止"、"暴雨滂沱者数日",这是形成三花间大洪水或特大洪水的典型雨型。

由于黄河流域面积广阔,加之形成暴雨的天气条件也有所不同,上、中、下游的大暴雨与特大暴雨多不同时发生,同属黄河中游的河三间与三花间的大暴雨也不同时发生,这是由于当河三间产生大面积暴雨时,三花间受西太平洋副高控制而无雨或处于雨区边缘,当三花间降大面积暴雨时,青藏副高一般较强,三门峡以上受其控制无雨或雨量不大。有时东西向雨带可贯通渭河、北洛河中下游和三花间,直至大汶河流域,但多属一般暴雨,在少数情况下,也可形成较大暴雨,如实测的1957年7月及历史记载的1898年暴雨。

(二)洪水特征

黄河洪水按其成因可分为暴雨洪水和冰凌洪水两种类型。暴雨洪水发生在 7 月、8 月的称为"伏汛";发生在 9 月、10 月的称为"秋汛",习惯上合称"伏秋大汛"。冰凌洪水在黄河下游河段多发生在 2 月,在上游宁蒙河段多发生在 3 月份,一般统称"凌汛"。宁蒙河段的冰凌洪水传播到黄河下游,正值桃花盛开季节,故又称"桃汛"。伏汛洪水对黄河下游防洪威胁最大。冰凌洪水来势猛,水位高,难于防守。

1. 暴雨洪水特征

1)洪水发生时间及峰型

黄河流域的暴雨洪水发生的时间与暴雨发生时间相一致。从全流域来看,洪水发生时间为 6~10 月。其中大洪水的发生时间,上游一般为 7~9 月,三门峡为 8 月,三花间为 7 月上旬至 8 月中旬。

从黄河洪水的过程来看,上游为矮胖型,即洪水历时长、洪峰低、洪量大。这是由上游地区降雨特点(历时长、面积大、强度小)以及产汇流条件(草原、沼泽多,河道流程长,调蓄作用大)决定的。如兰州站,一次洪水历时平均为 40 天左右,最短为 22 天,最长为 66 天。较大洪水的洪峰流量一般为 4 000~6 000 m³/s。中游洪水过程为高瘦型,洪水历时较短,洪峰较大,洪量相对较小。这是由中游地区的降雨特性(历时短、强度大)及产汇流条件(沟壑纵横、支流众多,有利于产汇流)决定的。据实测资料统计,中游洪水过程有单峰型,也有连续多峰型。一次洪水的主峰历时,支流一般为 3~5 天,干流一般为 8~15 天。支流连续洪水一般为 10~15 天,干流三门峡、小浪底、花园口等站的连续洪水历时可达 30~40 天,最长达 45 天,较大洪水洪峰流量为 15 000~25 000 m³/s。

小浪底水库建成后,威胁黄河下游防洪安全的主要是小浪底至花园口区间(以下简称小花间)洪水。据实测资料统计,小花间的年最大洪峰流量从 5 月至 10 月均有出现,而较大洪峰主要集中在 7 月、8 月。值得注意的是,小花间的大洪水,如公元 223 年、1761 年、1931 年、1935 年、1954 年、1958 年、1982 年等,洪峰流量均发生在 7 月上旬至 8 月中旬之间,时间更为集中。

由于小花间暴雨强度大,主要产洪地区河网密集,有利于汇流,故形成的洪水峰高量大。一次洪水历时 5 天左右,连续洪水历时可达 12 天之久。

2)洪水来源及组成

黄河上游的洪水主要来自兰州以上,大洪水主要来自贵德以上,贵德以上又以吉迈至唐乃亥区间为主要产洪区。上游汛期的洪水主要由降雨形成，但有少部分的融雪水。玛曲至唐乃亥区间的阿尼玛卿山，常年积雪，汛期有时有一部分融雪水汇入，融雪水一般占唐乃亥站一次洪水总量的10%以下，最大者可占17%。

黄河上游兰州至河口镇区间系干旱半干旱地区，加入水量很少，河道流经宁夏、内蒙古地区，灌溉耗水与水量损失大，加之河道宽阔，使洪水过程至河口镇后更趋低平。据1964年、1967年及1981年几次实测大洪水资料统计，兰州至河口镇洪峰流量平均可削减12.5%，最大削减26%，45天洪量减少5%~20%。

黄河下游的洪水主要来自中游的河口镇至花园口区间。

由于黄河上游洪水源远流长，加之河道的调蓄作用和宁夏、内蒙古灌区耗水，洪水传播至下游，只能组成黄河下游洪水的基流，并随洪水统计时段的加长，上游来水所占比重相应增大。

黄河中游洪水主要来自河龙间、龙三间和三花间三个地区。

根据实测及历史调查洪水资料分析，花园口站大于 8 000 m³/s 的洪水，都是以中游来水为主所组成的，河口镇以上的上游地区相应来水流量一般为 2 000~3 000 m³/s，只能形成花园口洪水的基流。花园口站各类较大洪水的峰、量组成见表3-1。

表 3-1   花园口站各类较大洪水的峰、量组成

(单位：洪峰流量，m³/s；洪量，亿 m³)

洪水类型	洪水年份	花园口		三门峡			三花间			三门峡占花园口的比重(%)	
		洪峰流量	12日洪量	洪峰流量	相应洪水流量	12日洪量	洪峰流量	相应洪水流量	12日洪量	洪峰流量	12日洪量
上大洪水	1843	33 000	136.0	36 000		119.0		2 200	17.0	93.3	87.5
	1933	20 400	100.5	22 000		91.90		1 900	8.60	90.7	91.4
下大洪水	1761	32 000	120.0		6 000	50.0	26 000		70.0	18.8	41.7
	1954	15 000	76.98		4 460	36.12	12 240		40.55	29.7	46.9
	1958	22 300	88.85		6 520	50.79	15 700		37.31	29.2	57.2
	1982	15 300	65.25		4 710	28.01	10 730		37.5	30.8	42.9
上下较大洪水	1957	13 000	66.30		5 700	43.10	7 300		23.2	43.8	65.0

注：相应洪水流量系指组成花园口洪峰流量的相应来水流量，1761年和1843年洪水系调查推算值。

由表3-1可以看出，以三门峡以上来水为主的洪水(以下简称"上大洪水")，三门峡洪峰流量占花园口的90%以上，12日洪量占花园口的85%以上。以三花间来水为主的洪水(以下简称"下大洪水")，三门峡洪峰流

量占花园口的 20% ~ 30%, 12 日洪量占花园口的 40% ~ 60%。

三花间的洪水主要来自小花间(见表3-2)。据对三次实测较大洪水统计,小花间来水占三花间的 70% 以上,主要原因是小花间面积占三花间面积的比例很大(86.2%)。与面积所占比例相比,三花间大洪水时,三小间来水也较大,1958 年洪水三小间来水比例达 25% 以上,三次洪水平均三小间来水比例达 23% 以上,远大于其面积所占比例 13.8%。这与三小间的地理位置(降雨中心地区)、流域形状(近方圆形)、地形地貌条件(山区,地面坡度大,植被条件好)是一致的。

表 3-2 三花间较大洪水地区组成统计

(单位: 洪峰流量, m³/s; 洪量, 亿 m³)

年份	区间	洪峰流量	5 日洪量	12 日洪量
1954	三花间	12 240	24.0	40.55
	小花间	10 900	18.78	31.9
	三小间	1 340	5.22	8.65
	三小间占花园口(%)	10.9	21.8	21.3
1958	三花间	15 700	30.8	37.31
	小花间	10 000	22.9	27.92
	三小间	5 700	7.9	9.39
	三小间占花园口(%)	36.3	25.6	25.2
1982	三花间	10 730	29.01	37.5
	小花间	8 350	20.6	27.77
	三小间	2 380	8.41	9.73
	三小间占花园口(%)	22.2	29.0	25.9
平均	三小间占花园口(%)	23.1	25.5	24.1

花园口以下的黄河下游为地上悬河,较大的支流有北岸的金堤河与南岸的大汶河,黄河干流大洪水时,两支流来水较小。

3)洪水的地区遭遇

根据实测及历史洪水资料分析,黄河上游大洪水和黄河中游大洪水不遭遇。黄河中游的"上大洪水"和"下大洪水"也不同时遭遇。花园口以上的大洪水与下游金堤河、大汶河的大洪水也不遭遇。例如,上游地区的大洪水年份有 1850 年、1904 年、1911 年、1946 年、1981 年等;黄河中游河三间的大洪水年份有 1632 年、1662 年、1841 年、1843 年、1933 年、1942

年等；黄河中游三花间的大洪水年份有 1553 年、1761 年、1954 年、1958年、1982 年等。

黄河上游大洪水可以和黄河中游的小洪水相遇，形成花园口断面洪水。据实测资料统计，花园口断面洪峰流量一般不超过 8 000 m³/s，但洪水历时甚长，含沙量较小。龙羊峡、刘家峡水库建成后，这种类型的洪水出现几率将会很小。

黄河中游的河龙间和龙三间洪水可以相遇，形成三门峡断面峰高量大的洪水过程。从洪水传播时间上看，河龙间与龙三间洪水遭遇具有得天独厚的条件。黄河干流的龙门与渭河的华县、北洛河的洑头、汾河的河津至三门峡的洪水传播时间相当，干流的吴堡与支流三川河的后大成、无定河的绥德、清涧河的子长、延河的延安、北洛河的道佐埠、泾河的雨落坪、渭河的林家村、汾河的义棠至三门峡洪水传播时间相当，干流的沙窝铺与支流窟野河的温家川、无定河的赵石窑、北洛河的刘家河、马莲河的庆阳、泾河的泾川、渭河的南河川、汾河二坝至三门峡洪水传播时间相当。因此，当西南东北向的雨区笼罩河三间时，黄河龙门以上和泾河、北洛河、渭河地区可以同时形成大洪水并有遭遇的可能，形成三门峡以上的大洪水或特大洪水。如 1933 年洪水为 1919 年陕县有实测资料以来的最大洪水，即是河龙间和龙三间洪水相遇而成。

黄河中游的龙三间和三花间的较大洪水也可以相遇，形成花园口断面的较大洪水。这类洪水一般由纬向型暴雨形成，雨区一般笼罩泾洛渭河下游至伊洛河的上游地区。如 1957 年 7 月洪水，三门峡和三花间较大洪水相遇，形成花园口断面 7 月 19 日洪峰流量 13 000 m³/s 的洪水。与此次洪水对应的渭河华县站 17 日洪峰流量 4 330 m³/s，洛河长水站 18 日洪峰流量 3 100 m³/s。历史调查的 1898 年洪水，在渭河下游、洛河上游和宏农涧河地区均为 100年一遇以上的大洪水，而在花园口断面没有反映，仅为一般或较大洪水。

黄河下游大洪水与大汶河的大洪水不同时遭遇，但可以和大汶河的中等洪水相遭遇；黄河下游的中等洪水可以和大汶河的大洪水相遭遇；黄河干流与大汶河的小洪水遭遇机会较多。

4)人类活动对黄河洪水的影响分析

本次规划就人类活动对黄河洪水的影响问题进行了深入的调查研究，研究了黄河中游河龙间水利水保工程对暴雨洪水的影响、人类活动对泾洛渭河流域洪水的影响、小花间中小型水库工程对洪水的影响、伊洛河夹滩地区及沁南地区对伊洛河及沁河入黄洪水的影响、大中型水库工程对大汶河戴村坝站设计洪水的影响、黄河"58·7"与"82·8"暴雨洪水差异等。研究结论认为：黄河中游除大型防洪水库外，中小型水库及水保工程对中小洪水有一定影响；对大洪水，个别有蓄洪库容的水库有一定蓄水作用，有的水库溃坝还有加大下游洪水的作用，总的来讲，对黄河干流和较大区间的洪水影响不大。伊洛河夹滩地区对伊洛河的入黄洪水有一定的滞蓄作用。沁南地区对沁河的入黄洪水有一定的限制作用。大汶河流域水利工程星罗棋布，对大汶河流域的入黄洪水有一定的拦蓄作用。

2. 冰凌洪水特征

1)洪水发生时间

冰凌洪水发生时间是在河道解冻开河期间。黄河上游宁蒙河段解冻开河一般在3月中下旬，少数年份在4月上旬；黄河下游河段解冻开河一般在2月上中旬，少数年份在3月上旬，个别年份在3月中旬。

2)洪峰、洪量及过程线型式

总的来说，冰凌洪水是峰低、量小、历时短，洪水过程线型式基本上是三角形。

凌峰流量一般为 $1\,000 \sim 2\,000$ m³/s，全河实测最大值不超过 $4\,000$ m³/s。洪水总量，上游河口镇(头道拐)一般为5亿~8亿 m³，下游一般为6亿~10亿 m³。洪水历时，上游一般为6~9天，下游一般为7~10天。

3)冰凌洪水的特点

(1)凌峰流量虽小，但水位高。这是因为河道中存在着冰凌，使水流阻力增大，流速减小，特别是卡冰结坝壅水，使河道水位在相同流量下比无冰期高得多。就是与伏汛期的历年最大洪水的水位相比，有时也会超过。例如，下游利津站，伏汛最大洪水为1958年，其洪峰流量为 $10\,400$ m³/s，相应水位为13.76 m，而在1955年和1973年凌汛期，凌峰流量分别为 $1\,960$ m³/s 和 $1\,010$ m³/s，水位却分别高达15.31 m 和14.35 m，即比1958年最高洪水位分别高出1.55 m 和0.59 m。上游三湖河口等站也有类似情况。

(2)"武开河"凌峰流量沿程递增，这是因为在河道封冻以后，拦蓄了一部分上游来水，使河槽蓄水量不断增加。一般在"武开河"时，这部分被拦蓄的水量又被急剧地释放出来，向下游推移，沿程冰水越积越多，以至形成越来越大的凌峰流量。例如，1961年上游凌汛期间，石嘴山凌峰流量为866 m³/s，渡口堂为890 m³/s，三湖河口为 $2\,090$ m³/s，头道拐为 $2\,720$ m³/s。

下游 1955 年的凌峰流量，秦厂为 1 080 m³/s，孙口为 2 300 m³/s，艾山为 3 000 m³/s，泺口为 2 900 m³/s。由于王庄冰坝影响，导致在利津断面以上五庄决口，部分冰水由口门流走，利津凌峰流量仅为 1 960 m³/s，但水位高达 15.31 m。又如 1957 年的凌峰流量，孙口为 858 m³/s，艾山为 1 220 m³/s，泺口为 1 230 m³/s，到利津增加到 3 430 m³/s。

二、泥沙特征

(一)天然径流、泥沙

考虑工农业、城镇生活用水和水库调蓄量进行水量还原后，1919 年 7 月～1997 年 6 月龙门、华县、河津、洑头(龙华河洑)四站年平均天然径流量为 503 亿 m³，其中汛期占 59%；花园口多年平均天然径流量为 560 亿 m³，其中汛期占 60%；河口镇为 324 亿 m³，其中汛期占 61%。黄河龙华河洑四站多年平均来沙量为 16 亿 t，其中汛期占 90%；河口镇以上来沙约 1.5 亿 t，其中汛期占 82%。黄河水沙具有明显的地区和年内分配不均的特点，在地区分配上，水量河口镇以上占 58%，沙量河口镇以上仅占 9%；在年内分配上，水量汛期占 60%，沙量汛期占 90%。

(二)水沙特性

1. 水少沙多，水沙关系不协调

根据 1919 年 7 月～1997 年 6 月实测资料统计(下同)，三黑小多年平均水量、沙量分别为 440.2 亿 m³、13.77 亿 t，含沙量 31.3 kg/m³(见表 3-3)。与世界多沙河流相比，沙量之多，含沙量之高，是世界大江大河中绝无仅有的。由于水少沙多，水沙关系不协调，使黄河下游河道成为举世闻名的地上悬河。

2. 水沙异源

黄河流域幅员广阔，自然地理条件差别很大，水沙来源明显不同。进入黄河下游的水量主要来自河口镇以上，河口镇多年平均年水量 241.6 亿 m³，年沙量 1.28 亿 t，年平均含沙量为 5.3 kg/m³，水流较清，年水量占进入下游水量(指三黑小，下同)的 54.9%，而年沙量仅占 9.3%。进入黄河下游的沙量主要来源于河口镇至三门峡区间，其中河口镇至龙门间多年平均年水量 63.7 亿 m³，年沙量 8.00 亿 t，年平均含沙量为 125.6 kg/m³，年水量占三黑小的 14.5%，而年沙量占 58.1%；龙门至三门峡区间的渭河、洛河和汾河，多年平均年水量 96.4 亿 m³，年沙量 5.07 亿 t，年平均含沙量为 52.6 kg/m³，年水量占三黑小的 21.9%，而年沙量占 36.8%。

表 3-3　黄河中游干支流主要站 1919~1997 年实测水沙特征值

站名	水量(亿 m³)			沙量(亿 t)			含沙量(kg/m³)		
	汛期	非汛期	全年	汛期	非汛期	全年	汛期	非汛期	全年
河口镇	141.0	100.6	241.6	1.03	0.25	1.28	7.3	2.5	5.3
龙门	175.4	129.9	305.3	8.14	1.14	9.28	46.4	8.8	30.4
河龙间	34.4	29.3	63.7	7.11	0.89	8.00	206.7	30.4	125.6
渭洛汾河	59.6	36.8	96.4	4.64	0.43	5.07	77.9	11.7	52.6
四站	235.0	166.7	401.7	12.78	1.56	14.34	54.4	9.4	35.7
三门峡	230.4	167.7	398.1	11.56	1.95	13.51	50.2	11.6	33.9
伊洛沁河	26.8	15.3	42.1	0.23	0.03	0.26	8.6	2.0	6.2
三黑小	257.2	183.0	440.2	11.79	1.98	13.77	45.8	10.8	31.3
六站	261.8	182.0	443.8	13.01	1.59	14.60	49.7	8.7	32.9
利津	221.3	136.7	358.0	7.74	1.36	9.10	35.0	10.0	25.4

注: 1. "四站"指龙门、华县、河津、洑头之和，"六站"指龙门、华县、河津、洑头、黑石关、小董之和，"三黑小"指三门峡、黑石关、小董之和。

2. 利津水沙为 1950 年 7 月~1997 年 6 月平均值。

3. 水沙量年际间变化很大，年内分布也十分不均衡

三黑小最大年沙量为 37.63 亿 t(1933 年)，是最小年沙量 1.85 亿 t(1961 年)的 20.3 倍；最大年水量为 753.7 亿 m³(1964 年)，是最小年水量 178.7 亿 m³(1991 年)的 4.2 倍。

三黑小多年平均水量、沙量分别为 440.2 亿 m³、13.77 亿 t，其中汛期水量为 257.2 亿 m³，占全年水量的 58.4%，汛期沙量为 11.79 亿 t，占全年沙量的 85.6%。

4. 对黄河下游河道淤积贡献最大的粗颗粒泥沙主要来自河口镇至龙门区间

黄河年均来沙量中，粒径大于 0.5 mm 的粗颗粒泥沙约占 23%，但下游粗泥沙淤积量约占总淤积量的 80%，粗颗粒泥沙是黄河下游河道淤积的主体。以四站为粗泥沙来源控制站分析其他地区组成表明，粗泥沙主要来自中游河口镇至龙门间，占四站粗泥沙总量的 73%；河口镇以上粗泥沙来量仅占四站粗泥沙总量的 7%；龙门以下泾、渭、汾、洛河粗泥沙少于龙门以上，占四站的 20%。

(三)实测水沙变化情况

黄河是一条受人类活动影响较大的河流，尤其是近 20 多年来，流域水利水保措施、干流大型骨干工程、灌区引水引沙等都对来水来沙影响很大。20 世纪 70 年代以前，人类活动的影响较小，70 年代以后，人类活动影响加剧，黄河水沙随降雨条件和人类活动影响发生了较大的变化。

1. 水量减少幅度较大

从 20 世纪黄河中游主要控制站区各年代水沙量变化(见表 3-4)看，进入

表 3-4　20 世纪黄河中游主要控制站区各年代水沙量统计

项　目		1919~1949 年	50 年代	60 年代	70 年代	80 年代	90 年代
水量 (亿 m³)	河口镇	汛期	157.9	148.3	164.5	122.5	130.3	63.0
		年	253.7	239.6	271.2	231.2	242.6	157.3
	龙门	汛期	198.4	191.5	202.9	150.6	146.5	87.8
		年	328.9	315.1	340.9	283.1	278.3	201.2
	河龙间	汛期	40.5	43.2	38.4	28.1	16.2	24.8
		年	75.2	75.5	69.7	51.9	35.7	43.9
	渭、洛、汾河	汛期	63.2	68.0	68.7	48.6	59.6	32.0
		年	100.3	107.8	125.1	73.4	94.9	51.3
	四站	汛期	261.6	259.5	271.6	199.2	206.1	119.8
		年	429.2	422.9	466.0	356.5	373.2	252.5
	三门峡	汛期	259.3	259.0	251.4	195.2	205.4	114.3
		年	427.0	424.3	453.9	353.5	369.7	247.3
	黑小	汛期	31.1	36.7	28.0	17.0	23.3	11.0
		年	47.4	55.6	52.0	26.4	36.5	19.3
	三黑小	汛期	290.4	295.7	279.4	212.2	228.7	125.3
		年	474.4	479.9	505.9	379.9	406.2	266.6
	利津	汛期		298.6	291.5	187.3	189.7	104.3
		年		463.6	512.9	304.4	290.7	158.9
沙量 (亿 t)	河口镇	汛期	1.14	1.24	1.43	0.89	0.77	0.28
		年	1.39	1.5	1.8	1.14	0.99	0.42
	龙门	汛期	8.9	10.75	10.12	7.8	3.88	5.03
		年	10.23	11.85	11.38	8.66	4.7	5.92
	河龙间	汛期	7.8	9.5	8.7	6.9	3.1	4.8
		年	8.8	10.4	9.6	7.5	3.7	5.5
	渭、洛、汾河	汛期	5.1	5.4	5.1	4.6	2.8	3.5
		年	5.5	5.9	5.7	4.8	3.3	3.6
	四站	汛期	14.00	16.15	15.22	12.40	6.68	8.53
		年	15.73	17.75	17.08	13.46	8.00	9.52
	三门峡	汛期	12.96	14.86	8.47	12.82	8.2	8.31
		年	15.56	17.42	11.47	13.74	8.54	8.52
	黑小	汛期	0.3	0.45	0.21	0.1	0.1	0.02
		年	0.33	0.49	0.25	0.11	0.11	0.02
	三黑小	汛期	13.26	15.31	8.68	12.92	8.3	8.33
		年	15.89	17.91	11.72	13.85	8.65	8.54
	利津	汛期		11.52	8.68	7.57	5.78	4.06
		年		13.22	11.00	8.88	6.46	4.62

项　目		1919~1949年	50年代	60年代	70年代	80年代	90年代
含沙量 (kg/m³)	河口镇 汛期	7.2	8.4	8.7	7.3	5.9	4.4
	年	5.5	6.3	6.6	4.9	4.1	2.7
	龙门 汛期	44.9	56.1	49.9	51.8	26.5	57.3
	年	31.1	37.6	33.4	30.6	16.9	29.4
	河龙间 汛期	193.1	219.0	226.6	245.6	191.4	193.5
	年	117.2	137.7	137.7	144.2	103.6	125.3
	渭、洛、汾河 汛期	80.7	79.4	74.2	94.7	47.0	109.4
	年	54.8	54.7	45.6	65.4	34.8	70.2
	四站 汛期	53.5	62.2	56.0	62.2	32.4	71.2
	年	36.6	42.0	36.7	37.8	21.4	37.7
	三门峡 汛期	50.0	57.4	33.7	65.7	39.9	72.7
	年	36.4	41.1	25.3	38.9	23.1	34.5
	黑小 汛期	9.6	12.3	7.5	5.9	4.3	1.8
	年	7.0	8.8	4.8	4.2	3.0	1.0
	三黑小 汛期	45.7	51.8	31.1	60.9	36.3	66.5
	年	33.5	37.3	23.2	36.5	21.3	32.1
	利津 汛期		38.6	29.8	40.4	30.5	38.9
	年		28.5	21.5	29.2	22.2	29.1
汛期水量所占比例 (%)	河口镇	62.2	61.9	60.7	53.0	53.7	40.1
	龙门	60.3	60.8	59.5	53.2	52.6	43.6
	河龙间	53.8	57.2	55.1	54.0	45.4	56.5
	渭、洛、汾河	63.0	63.1	54.9	66.2	62.8	62.4
	四站	61.0	61.3	58.3	55.8	55.2	47.5
	三门峡	60.7	61.0	55.4	55.2	55.6	46.2
	黑小	65.6	66.0	53.8	64.4	63.8	57.0
	三黑小	61.2	61.6	55.2	55.9	56.3	47.0
	利津		64.4	56.8	61.6	65.3	65.7
汛期沙量所占比例 (%)	河口镇	82.0	82.7	79.4	78.1	77.8	66.7
	龙门	87.0	90.7	88.9	90.1	82.6	85.0
	河龙间	88.6	91.3	90.6	92.0	83.8	87.3
	渭、洛、汾河	92.7	91.5	89.5	95.8	84.8	97.2
	四站	89.0	91.2	88.9	92.1	83.8	89.1
	三门峡	83.3	85.3	73.8	93.3	96.0	97.5
	黑小	90.9	91.8	84.0	90.9	90.9	100.0
	三黑小	83.4	85.5	74.0	93.3	96.0	97.4
	利津		87.1	78.9	85.3	89.4	87.8

20 世纪 70 年代以来，黄河水量趋势性减小，从上游到下游减少的幅度逐渐增大。河口镇 1919～1949 年、20 世纪 50 年代、60 年代、70 年代、80 年代、90 年代年平均水量分别为 253.7 亿 m^3、239.6 亿 m^3、271.2 亿 m^3、231.2 亿 m^3、242.6 亿 m^3、157.3 亿 m^3，90 年代水量为长系列(1919～1997 年，下同)来水量的 65.1%。河龙间 1919～1949 年、20 世纪 50 年代、60 年代、70 年代、80 年代、90 年代年平均水量分别为 75.2 亿 m^3、75.5 亿 m^3、69.7 亿 m^3、51.9 亿 m^3、35.7 亿 m^3、43.9 亿 m^3，80 年代最枯，占多年平均值的 56%，90 年代次枯，占多年平均值的 68.9%。

龙门、华县、河津、洑头四站 1919～1949 年、20 世纪 50 年代、60 年代、70 年代、80 年代、90 年代年平均水量分别为 429.2 亿 m^3、422.9 亿 m^3、466.0 亿 m^3、356.5 亿 m^3、373.2 亿 m^3、252.5 亿 m^3，90 年代水量为长系列来水量的 62.8%。

三黑小 1919～1949 年、20 世纪 50 年代、60 年代、70 年代、80 年代、90 年代年平均水量分别为 474.4 亿 m^3、479.9 亿 m^3、505.9 亿 m^3、379.9 亿 m^3、406.2 亿 m^3、266.6 亿 m^3，90 年代水量为长系列来水量的 60.5%。

利津 20 世纪 50 年代、60 年代、70 年代、80 年代、90 年代年平均水量分别为 463.6 亿 m^3、512.9 亿 m^3、304.4 亿 m^3、290.7 亿 m^3、158.9 亿 m^3，90 年代水量为长系列来水量的 44.4%。

2. 沙量减少幅度也较大

从表 3-4 看，进入 20 世纪 70 年代以来，黄河沙量趋势性减小，黄河下游沙量减少幅度小于水量减少幅度，水沙条件更趋于不利。河口镇 1919～1949 年、20 世纪 50 年代、60 年代、70 年代、80 年代、90 年代年平均沙量分别为 1.39 亿 t、1.5 亿 t、1.8 亿 t、1.14 亿 t、0.99 亿 t、0.42 亿 t，90 年代沙量为长系列来沙量的 32.8%。河龙间 1919～1949 年、20 世纪 50 年代、60 年代、70 年代、80 年代、90 年代年平均沙量分别为 8.8 亿 t、10.4 亿 t、9.6 亿 t、7.5 亿 t、3.7 亿 t、5.5 亿 t，相应于水量变化，沙量也以 80 年代最枯，年沙量为长系列的 46.3%，其次是 90 年代，年沙量为长系列的 68.8%。

龙门、华县、河津、洑头四站 1919～1949 年、20 世纪 50 年代、60 年代、70 年代、80 年代、90 年代年平均沙量分别为 15.73 亿 t、17.75 亿 t、17.08 亿 t、13.46 亿 t、8.00 亿 t、9.52 亿 t，80 年代、90 年代沙量分别为长系列的 55.8%、66.4%。

三黑小 1919～1949 年、20 世纪 50 年代、60 年代、70 年代、80 年代、90 年代年平均沙量分别为 15.89 亿 t、17.91 亿 t、11.72 亿 t、13.85 亿 t、8.65 亿 t、8.54 亿 t，三黑小沙量除 60 年代受三门峡水库影响外，减少的趋势性亦很明显，90 年代沙量仅为长系列的 62.1%，比 50 年代少一半。

利津 20 世纪 50 年代、60 年代、70 年代、80 年代、90 年代年平均沙量分别为 13.22 亿 t、11.00 亿 t、8.88 亿 t、6.46 亿 t、4.62 亿 t，90 年代沙量为长系列来沙量的 50.7%。

第二节　设计洪水

一、黄河下游设计洪水

(一)天然设计洪水成果

与黄河下游防洪有关的站及区间包括三门峡、花园口、三花间、小花间、小陆故花间(小浪底、陆浑、故县至花园口区间，亦称无控制区)。在以往历次规划和水利工程建设中，对以上各站及区间的设计洪水进行过多次的分析计算，经过了水利部水利水电规划总院 1976 年、1980 年、1985 年、1994 年等多次审查。由于小浪底水库有效控制了其坝址以上洪水，对黄河下游防洪威胁最严重的洪水来源于小花间。因此，本次主要对小花间的设计洪水进行了深入的分析计算。将洪水资料延长至 1997 年，伊洛河夹滩地区资料采用本次测绘的万分之一地形图；本次分析思路是，首先计算伊洛河夹滩地区和沁河下游堤防不决溢情况下的无库不决堤设计洪水，然后采用水力学二维不稳定流模型等方法分析伊洛河夹滩地区和沁南地区的滞洪作用，计算伊洛河夹滩和沁南地区滞洪后的无库现状堤设计洪水；同时应用地理信息系统等手段全面分析了人类活动对小花间设计洪水的影响。该成果于 2000 年 11 月通过水利部水利水电规划总院审查，见表 3-5。与原审定成果相比，小花间设计洪峰流量减小 4%～8%；1 000 年一遇及 10 000 年一遇设计 5 日洪量与原审定成果差别不大，100 年一遇及其以下洪水的设计 5 日洪量减小 5%左右；设计 12 日洪量减小 5%～10%。鉴于本次复核的小花间设计洪水与原审定成果差别不大，且本次复核的小花间设计洪水成果不能与其他站及区间原审定的设计洪水成果配套使用。因此，本次防洪规划仍采用原审定的天然设计洪水成果，详见表 3-6。

表 3-5　黄河小花间设计洪水 2000 年审定成果

(单位：洪峰流量，m³/s；洪量，亿 m³)

设计洪水名称	项　目	频率为 P(%)的设计值			
		0.01	0.1	1.0	3.3
无库不决堤设计洪水	洪峰流量	38 900	28 300	17 900	12 600
	5 日洪量	73.2	53.7	34.5	24.7
	12 日洪量	96.1	71.5	47.1	34.6
无库现状堤设计洪水	洪峰流量	32 700	25 000	16 200	12 600
	5 日洪量	70	51.6	33.7	24.7
	12 日洪量	95.1	70.6	46.7	34.6

表 3-6　花园口、三花间、小花间等站及区间设计洪水采用成果

(单位：洪峰流量，m³/s；洪量，亿 m³)

站及区间名称	集水面积 (km²)	项　目	频率为 P(%)的设计值			
			0.01	0.1	1.0	3.3
三门峡	688 421	洪峰流量	52 300	40 000	27 500	21 100
		5 日洪量	104	81.5	59.1	47.2
		12 日洪量	168	136	104	85.8
		45 日洪量	360	308	251	218
花园口	730 036	洪峰流量	55 000	42 300	29 200	22 600
		5 日洪量	125	98.4	71.3	57.0
		12 日洪量	201	164	125	104
		45 日洪量	417	358	294	258
三花间	41 615	洪峰流量	45 000	34 600	22 700	16 600
		5 日洪量	87.0	64.7	42.8	31.3
		12 日洪量	122	91.0	61.0	45.6
小花间	35 881	洪峰流量	35 300	26 500	17 600	13 100
		5 日洪量	70	52.5	35.2	26.2
		12 日洪量	99.5	75.4	51.0	38.4
小陆故花间	27 019	洪峰流量	27 500	20 100	12 900	9 260
		5 日洪量	55.1	40.2	25.5	18.1
		12 日洪量	69.4	51.2	33.2	24.0

(二)水库调节后黄河下游的设计洪水

按照小浪底水库初步设计阶段拟定的水库及滞洪区联合防洪运用方式，防洪运用原则为：

对小浪底水库，当预报花园口洪水流量小于 8 000 m³/s 时，控制汛限水位，按入库流量泄洪；否则按控制花园口 8 000 m³/s 泄洪。此后，按水库蓄洪量和小花间来水大小控制水库泄洪方式。①当水库蓄洪量达到 7.9 亿 m³ 时，尽可能控制花园口洪水流量在 8 000 m³/s 到 10 000 m³/s 之间。当水库蓄洪量达 20 亿 m³，且有增大趋势时，为了使小浪底水库保留足够的库容拦蓄特大洪水，需控制蓄洪水位不再升高，相应增大泄洪流量，由东平湖分洪解决。当预报花园口 10 000 m³/s 以上洪量达 20 亿 m³ 时，说明东平湖水库可能承担黄河分洪量 17.5 亿 m³。此后，小浪底水库仍需按控制花园口 10 000 m³/s 泄洪，水库继续蓄洪。②水库按控制花园口 8 000 m³/s 运用的过程中，水库蓄洪量虽未达到 7.9 亿 m³，而小花间的洪水流量已达 7 000 m³/s，且有上涨趋势，反映了该次洪水为"下大洪水"。若预报小花间洪水流量大于 10 000 m³/s，水库即下泄最小流量 1 000 m³/s。否则，控制花园口 10 000 m³/s 泄洪。

对三门峡水库，"上大洪水"按"先敞后控"方式运用，达本次洪水的最高蓄水位后，按入库流量泄洪；当预报花园口洪水流量小于 10 000 m³/s 时，水库按控制花园口 10 000 m³/s 退水。对"下大洪水"，小浪底水库蓄洪量达 26 亿 m³，且有增大趋势，三门峡水库按小浪底水库的泄洪流量控制泄流。

对陆浑、故县水库，当预报花园口洪水流量达到 12 000 m³/s 时，水库关闸停泄。当水库蓄洪水位达到蓄洪限制水位时，按入库流量泄洪。当预报花园口洪水流量小于 10 000 m³/s 时，按控制花园口 10 000 m³/s 泄洪。

对东平湖滞洪区，当孙口站实测洪峰流量达 10 000 m³/s，且有上涨趋势时，首先运用老湖区；当老湖区分洪能力小于黄河要求分洪流量或洪量时，新湖区投入运用。

通过计算，工程运用后黄河下游各控制断面的洪峰流量及设防流量见表 3-7。从表 3-7 中可以看出，花园口 22 000 m³/s 设防流量相应的重现期为近 1 000 年，东平湖的分洪运用几率为近 30 年一遇。东平湖分洪后，在其以下黄河大堤的设防流量，由黄河干流下泄流量与长清、平阴山区支流加水组成，干流下泄流量为 10 000 m³/s，长清、平阴山区支流加水按 1 000 m³/s 考虑，艾山以下大堤设防流量按 11 000 m³/s。

表 3-7　工程运用后黄河下游各控制断面的洪峰流量及设防流量　（单位：m³/s）

断面名称	不同重现期洪峰流量					设防流量
	30 年	100 年	300 年	1 000 年	10 000 年	
花园口	13 100	15 700	19 600	22 600	27 400	22 000
柳园口	12 000	15 120	18 800	21 900	26 900	21 800
夹河滩	11 500	15 070	18 100	21 000	26 100	21 500
石头庄	11 400	14 900	18 000	20 700	25 100	21 200
高村	11 200	14 400	17 550	20 300	20 000	20 000
孙口	10 400	13 000	15 730	18 100	17 500	17 500
艾山	10 000	10 000	10 000	10 000	10 000	11 000
泺口	10 000	10 000	10 000	10 000	10 000	11 000
利津	10 000	10 000	10 000	10 000	10 000	11 000

注：10 000 年一遇考虑了北金堤滞洪区分洪运用。

二、上中游干流及主要支流的设计洪水

(一)上中游干流的设计洪水

黄河上中游干流有防洪任务的主要河段包括：禹门口至潼关河段、潼关至三门峡大坝河段、宁夏及内蒙古河段、甘肃及青海河段。各河段设计洪水计算的代表站及采用的资料情况如下：

(1)禹门口至潼关河段。以龙门站为计算代表站，对受上游龙羊峡、刘家峡水库影响的资料进行了还原，并分析了龙羊峡、刘家峡水库对龙门站设计洪水的影响。采用的资料系列为 1933～1994 年和道光年、1942 年历史洪水。设计洪水成果见表 3-8。

(2)潼关至三门峡大坝河段。以三门峡站为计算代表站，设计洪水成果采用表 3-6 中水利部水利水电规划总院审定成果。5 年一遇至 20 年一遇设计洪峰流量见表 3-8。

(3)宁蒙河段。该河段有下河沿、青铜峡、石嘴山、磴口、巴彦高勒、三湖河口、昭君坟和头道拐等 8 个水文站，其上游还有安宁渡站。安宁渡站的设计洪水成果考虑了龙羊峡、刘家峡水库的调蓄影响及以区间来水为主的不利组合。本次规划建立各站与安宁渡站洪峰流量的相关关系推求各站的设计洪峰流量。各河段设计洪水成果见表 3-8。

(4)甘肃桑园峡至黑山峡河段。设计洪水计算的代表站为大峡站,考虑了上游龙羊峡、刘家峡水库调蓄影响及区间洪水组合。设计洪水成果见表 3-8。

表 3-8　黄河上中游各河段设计洪峰流量成果

河段名称	代表站	不同频率 P 设计洪峰流量(m³/s)			
		2%	5%	10%	20%
禹门口至潼关	龙门		20 000		12 700
	潼关		14 000		8 890
潼关至三门峡	三门峡		18 800	15 200	11 600
宁夏、内蒙古	青铜峡		5 620		
	石嘴山		5 630		
	三湖河口	5 900			
桑园峡至黑山峡	大峡		6 050	5 600	
贵德至民和	贵德		4 200		

注:潼关站的设计洪峰流量为龙门站设计洪峰流量按 30%削峰率推算求得。

(5)青海贵德至民和河段。以贵德、循化站为代表站,考虑龙羊峡、刘家峡水库调节及区间洪水组合,设计洪水成果见表 3-8。

(二)主要支流的设计洪水

本次支流防洪规划范围包括沁河、渭河、汾河、伊洛河、大汶河等 33 条支流的 38 个河段。其中沁河、渭河、大汶河的设计洪水分析如下:

(1)沁河下游的设计洪水以武陟站为代表,考虑了堤防决溢影响的还原,计算了武陟站的不决堤设计洪水,资料系列为 1761 年、1895 年、1943 年、1934～1937 年、1950～1998 年,设计洪水成果见表 3-9。

(2)渭河下游设计洪水计算的代表站为潼关、咸阳、临潼、华县、洑头、朝邑、桃园,以上各站的设计洪水于 1989 年黄河水利委员会勘测规划设计研究院编制《陕西省三门峡库区渭、洛河治理规划》时进行过全面分析,并通过了水利部水利水电规划总院的审查。本次又采用了截至 1996 年的资料系列进行了复核,复核成果比规划阶段成果偏小 5%～10%。鉴于复核成果与原审定成果变化不大,且牵涉到黄河治理、渭河规划等诸多方面工作,推荐仍采用原审定成果,见表 3-9。

表 3-9　渭河及沁河下游各站设计洪峰流量成果

河名	站名	不同频率 P 设计洪峰流量(m^3/s)			
		1%	2%	5%	10%
沁河	武陟	7 110	5 540	3 620	
渭河	潼关	27 500	23 600	18 800	15 200
	咸阳	9 700	8 570	7 080	5 910
	临潼	14 200	12 400	10 100	8 350
	华县	11 700	10 300	8 530	7 160
	洑头(洛河)	8 500	6 790	4 620	3 120
	朝邑(洛河)	4 030	3 280	2 340	1 660
	桃园(泾河)	15 400	12 600	9 090	6 580

(3)大汶河下游大清河的设计洪水计算代表站为戴村坝站,设计洪水的计算方法为:通过对大中型水库工程调蓄影响的还原,首先计算不受大中型水库工程影响的天然设计洪水,再分析大中型水库对各级洪水的影响,计算受大中型水库工程影响后的设计洪水。

设计洪水计算采用的天然洪水系列为 1951～1997 年共 47 年,历史洪水考虑了 1918 年、1921 年,1918 年历史洪水重现期为 80 年。天然设计洪水成果见表 3-10。

表 3-10　大汶河戴村坝站天然设计洪水成果表

(单位:洪峰流量,m^3/s;洪量,亿 m^3)

项别	项目	频率为 P 的设计值		
		1%	2%	5%
天然设计洪水	洪峰流量	10 900	8 950	6 440
	5 日洪量	13.04	10.96	8.30
	12 日洪量	21.98	18.41	13.88
水库工程影响量	5 日洪量	1.80	1.6	1.4
	12 日洪量	2.2	2.1	2.0
工程影响后的设计洪水	5 日洪量	11.24	9.36	6.9
	12 日洪量	19.78	16.31	11.88

采用不同典型设计暴雨、实际工程蓄量、降雨洪量关系分析等方法分析大中型水库工程对设计洪水的影响,成果见表 3-10。大中型水库工程对洪峰流量的影响比较复杂,本次没有涉及。

天然设计洪水减去相应的工程影响量,即为工程影响后的设计洪水。大中型水库工程影响后戴村坝设计洪量见表 3-10。

第三节　河道冲淤及设计洪水位

一、黄河下游

(一)设计水沙系列选择

设计水沙系列的选择,考虑了龙羊峡、刘家峡、三门峡、小浪底等水库对径流、泥沙的调节影响,扣除了设计水平年的用水(按国务院批准的黄河正常年份供水 370 亿 m³ 的分配方案考虑),考虑了水利水保措施减水减沙作用。

1. 水利水保措施的减水减沙作用及来沙变化趋势

黄河流域作为我国水土保持工作的重点地区,得到党和国家的高度重视,开展了大规模的水土流失治理。50 年来,水土流失治理取得了显著成效。截至 1997 年底,水土保持措施初步治理面积累计达 16.6 万 km²。20世纪 70 年代以来黄土高原水利水保措施年均减少入黄泥沙 3 亿 t 左右。

根据流域水土保持建设规划,到 2010 年,基本控制人为因素产生新的水土流失,黄土高原新增水土流失治理面积 12.1 万 km²,水利水保措施年均减少入黄泥沙 5 亿 t 左右。

黄河流域天然来沙长时期不会发生大的变化,一般年份水利水保措施作用将使实测沙量明显减少。不同降雨条件、不同降雨落区,减沙作用不尽相同。中游暴雨强度大的年份产沙量大,减沙作用较小,流域来沙量仍将较大,相应泥沙粒径也较粗。

2. 大型水库工程调水调沙作用

规划期内,对黄河水沙影响较大的干流上中游水库工程包括龙羊峡、刘家峡、万家寨、三门峡、小浪底水库等。

龙羊峡、刘家峡两水库联合调节运用,从维持黄河健康生命出发,支持供水区内经济社会可持续发展,实施全河水量统一调度,在保证供水(供水主要对象是黄河河道、河口镇以上工农业用水、山西能源基地及中游两岸工农业用水)的条件下,按全梯级发电最大运用。

三门峡水利枢纽实行年内"蓄清排浑",相机配合小浪底水库调水调沙运用。

小浪底水库对进入黄河下游的来水来沙具有较大的调节作用,水库运用分拦沙期和正常运用期两个时期。在拦沙期，逐步抬高7~9月(以下简称主汛期)水位拦粗排细，同时进行调水调沙；正常运用期在蓄清排浑运用的前提下，主汛期利用水库10亿 m³调水调沙槽库容，进行调水调沙和多年调沙运用，正常运用死水位230 m，非常死水位220 m，汛期限制水位254 m。后汛期和非汛期(10月~次年6月，下同)均是高水位蓄水兴利综合运用，10月上半月预留库容25亿 m³以备防洪运用，防洪限制水位264 m；1~2月预留库容20亿 m³以备防凌运用，水库防凌限制水位267 m；3~6月按灌溉供水进行兴利调节，正常蓄水位275 m。目前水库运用方式还在设计阶段运用方式成果的基础上进行优化研究。本次规划在设计阶段和水库拦沙初期运用方式研究成果的基础上，考虑了三个运用方案进行计算，结果表明，小浪底水库无论采用什么样的运用方式，2020年前总的来看是以拦沙减淤为主，优化后的初期运用方式对山东河道的减淤作用略优。为留有余地，本次防洪规划仍采用原设计运用方案进行水库和黄河下游河道泥沙冲淤计算。

3. 设计水沙系列选择

考虑龙羊峡、刘家峡等水库的调节影响和水利水保措施减水减沙作用，扣除设计水平年的用水(按国务院批准的黄河正常年份供水370亿 m³的分配方案考虑)，进行设计水平年来水来沙计算。

利用滑动系列的方法，经对78组系列进行对比，最后选择的设计水沙系列为1975~1982年+1987~1996年+1971~1975年系列。该系列龙门、华县、河津、洑头四站设计水沙量分别为321.5亿 m³、10.6亿 t，与多年平均值的比值分别为1.07、1.04，代表规划阶段多年平均情况。

该系列反映了丰、平、枯的水沙情况，系列中1975~1982年为较丰水丰沙时段，平均水量为367.7亿 m³，平均沙量为11.59亿 t；1987~1996年为较枯水枯沙时段，平均水量为284.9亿 m³，平均沙量为9.68亿 t；1971~1975年为平水平沙时段，平均水量为320.1亿 m³，平均沙量为10.84亿 t。同时该系列还反映了1982年典型洪水、1977年特别丰沙年(年沙量23.8亿 t)、1991年特别枯沙年(年沙量4.1亿 t)的情况。故选择该系列作为本次防洪规划的设计水沙系列。

经过小浪底水库调节和泥沙冲淤计算后，出库水沙量加上伊洛沁河水沙量，得到进入黄河下游的水沙量。水库建成后20年内，由于水库拦沙，进入黄河下游的沙量大大减少，年平均水量、沙量分别为330.54亿 m³、

4.03 亿 t。

(二)河道冲淤

黄河干流在孟津县白鹤镇由山区进入平原，经华北平原，于山东垦利县注入渤海，河长 878 km。黄河下游主流频繁摆动的同时，河床不断淤积抬高，现状下游河床普遍高出两岸大堤背河地面 4~6 m，部分河段达 10 m 以上，并且仍在淤积抬高，成为淮河和海河流域的天然分水岭。

1986 年以来，由于黄河流域的降雨偏少、工农业用水增加、水库调节及水土保持的减水减沙作用，下游的汛期来水比例减少，非汛期来水比例增加，洪峰流量减小，枯水历时增长，下游河道演变表现出如下特性：

(1)河道冲淤量年际间变化较大，河道淤积主要集中在枯水多沙年。

(2)河道淤积量占来沙量的比例增大。1986 年 10 月~1998 年 10 月下游河道总淤积量 29.37 亿 t，年均淤积量 2.26 亿 t。与天然情况和滞洪排沙期相比，年淤积量相对较小，但淤积量占来沙量的比例由天然情况下的 20%增加到 30%。

(3)主槽淤积严重，河槽萎缩，行洪断面面积减少。该时期由于枯水历时较长，前期河槽较大，主槽淤积严重。主槽年均淤积量 1.59 亿 t，占全断面淤积量的 70%。滩槽淤积分布与 20 世纪 50 年代相比发生了很大变化，该时期全断面年均淤积量为 50 年代下游年均淤积量的 62.6%，而主槽淤积量却是 50 年代年均淤积量的 2 倍。

(4)高含沙洪水机遇增多，主槽及嫩滩严重淤积，对防洪威胁较大。1986 年以来，黄河下游来沙更为集中，高含沙洪水频繁发生，1988 年、1992 年、1994 年三年均发生了高含沙洪水，花园口站洪峰流量分别为 7 000 m³/s、6 260 m³/s、6 310 m³/s，三门峡出库最大含沙量分别达 344 kg/m³、479 kg/m³、442 kg/m³，1996 年受降雨和三门峡水库的调节，7 月份三门峡最大出库流量 2 700 m³/s，最大含沙量达到 603 kg/m³。高含沙洪水具有河道淤积严重，淤积主要集中在高村以上河段的主槽和嫩滩上，洪水水位涨率偏高，易出现高水位、洪水演进速度慢等特点。

(5)槽高、滩低、堤根洼的"二级悬河"不利局面不断发展，下游防洪形势越来越严峻。1986~1999 年进入黄河下游的水沙量、洪峰频次和洪水流量显著减少，加上生产堤的存在减少了洪水漫滩次数，生产堤至大堤间的滩地淤积量减少，致使河槽严重淤积萎缩、平滩流量减小、滩唇高程和主槽河底高程明显抬高，使滩唇高仰、大堤临河滩面低洼的"二级悬河"

的不利局面越来越严峻。一旦发生较大洪水，由于河道横比降远大于纵比降，易发生"横河"和"斜河"，并有可能发生重大河势变化，大大增加了黄河大堤冲决的可能性。

(6)粒径大于 0.05 mm 的粗颗粒泥沙是黄河下游河道淤积的主体，淤积量占总淤积量的 80%左右。

黄河下游河道的冲淤变化极其复杂，主要取决于来水来沙条件和下游河道的边界条件等因素。本次河道冲淤变化预测，注重多种方法和手段的对比分析，采用黄河勘测规划设计有限公司研制的水文–水动力学模型、水动力学模型和黄河水利科学研究院研制的恒定流、非恒定流水动力学模型两类共四个模型进行计算，综合分析确定。各家模型计算结果定性一致，定量接近，20 年内河南河段冲刷，山东河段淤积，但淤积量不大。

经综合分析，采用小浪底水库原设计逐步抬高运用方式，对 1975 ~ 1982 年+1987 ~ 1996 年+1971 ~ 1975 年系列进行分析计算，结果见表 3-11。小浪底水库运用后，2000 年 7 月 ~ 2020 年 6 月 20 年内黄河下游冲刷 2 亿 t，其中高村以上冲刷 4.34 亿 t，高村至利津淤积 2.34 亿 t；前 10 年利津以上河段发生冲刷，共冲刷 13.99 亿 t；后 10 年利津以上河段发生淤积，共淤积 11.99 亿 t。

表 3-11　不同时段黄河下游河道冲淤量　(单位：亿 t)

时段(年.月)	铁谢—花园口	花园口—高村	高村—艾山	艾山—利津	铁谢—利津
2000.7 ~ 2010.6	−6.26	−6.89	−0.43	−0.41	−13.99
2010.7 ~ 2020.6	2.46	6.35	1.62	1.56	11.99
2000.7 ~ 2020.6	−3.80	−0.54	1.19	1.15	−2.00

(三)设计洪水位

采用水力因子法、流量面积法、冲淤改正法及水位涨率法等方法，按冲淤变化后的 2010 年、2020 年河道边界，计算 2010 年、2020 年沿程设计洪水位，经综合分析，不同水平年设计洪水位见表 3-12。

小浪底水库建成后，黄河下游河道演变特点为先冲刷达到最低，然后逐渐回淤。水位的变化是由高降低，然后再由低升高的过程。因此，设计洪水位采用 2000 年、2010 年、2020 年的最高值，作为防洪工程建设的依据。

表 3-12 黄河下游主要控制站不同水平年设计洪水位成果

项目	设防流量 (m³/s)	2000 年水位(m)			2010 年水位(m)			2020 年水位(m)		
		3 000 m³/s	4 000 m³/s	设防流量	3 000 m³/s	4 000 m³/s	设防流量	3 000 m³/s	4 000 m³/s	设防流量
花园口	22 000	94.78	94.92	96.25	92.26	92.86	94.97	93.35	93.89	95.54
夹河滩	21 500	77.81	77.97	79.52	75.83	76.34	78.67	77.12	77.46	79.55
高村	20 000	64.30	64.54	66.38	62.49	62.94	65.39	63.55	63.75	65.80
孙口	17 500	49.24	49.65	52.56	48.21	48.68	52.01	49.04	49.40	52.50
艾山	11 000	42.43	43.15	46.33	41.45	42.03	45.33	42.29	42.87	46.17
泺口	11 000	31.86	32.61	36.02	31.23	31.87	35.57	32.09	32.68	36.10
利津	11 000	14.63	15.19	17.63	14.57	15.05	17.57	15.42	15.90	18.42

注：水位为大沽高程系统。

需要说明的是，小浪底水库运用到 2020 年前后，有可能因水库排沙使黄河下游发生含沙量大于 300 kg/m³ 的高含沙洪水，高含沙洪水在黄河下游河道行进时，常因河道淤积严重，水位流量关系曲线变陡，出现异常的高水位，即同一流量时的水位要比低含沙洪水高得多。本次仅考虑一般情况，未对高含沙洪水时的水位流量关系进行预估。

二、上中游干流及主要支流

(一)上中游干流

1. 禹门口至潼关河段

近年来，由于黄河流域的降雨偏少、工农业用水增加、水库调节及水土保持的减水减沙作用，该河段来水来沙发生了较大的变化，水量、沙量大幅度减少，汛期来水量显著减少，大流量出现机遇大幅度减少，含沙量却有增加，小北干流河道淤积加重。

据实测资料统计，1986 年 10 月 ~ 1997 年 10 月，禹潼段共淤积泥沙 8.24 亿 t，年平均淤积 0.83 亿 t。禹潼河段近期的淤积特性为，淤积主要集中在平水丰沙年、含沙量相对较高的年份。其纵向淤积由上向下递减；主槽淤积明显增加(约占全断面淤积量的 45%)，滩槽高差进一步减小，滩槽过洪能力降低。

禹潼河段的冲淤变化比较复杂，主要与上游来水来沙条件较为密切，同时受河道边界条件等因素的影响。本次河道冲淤变化预测采用的设计水沙条件同黄河下游一致，利用水动力学泥沙数学模型计算，求得规划阶段禹潼河段年平均淤积量 0.84 亿 t。

由于禹潼河段河势变化剧烈，河道冲淤变化复杂，在推求设计洪水位时，根据各断面数场较大洪水的水力半径(R)和糙率(n)、水面比降(J)等的综合因素 K 的关系，定出各代表断面的 $R \sim K$ 关系曲线，从而推求其水位流量关系。求得考虑淤积以后的近期(2010 年)和远期(2020 年)龙门站 20 年一遇、5 年一遇以及整治流量(4 000 m³/s)沿程的洪水位。

2. 潼关至三门峡大坝河段

三门峡水库修建运用后，对本河段产生了很大的影响。潼三河段由自然河道变成库区，河道普遍淤积抬高。三门峡水库运用至 1997 年 10 月，水库共淤积泥沙 38.26 亿 t，年平均淤积量为 1.04 亿 t。库区淤积量最多的时段发生在 1973 年以前，淤积量达 35.49 亿 t；1974 年三门峡水库"蓄清排浑"运用以后，淤积量有所减少，1974～1997 年共淤积泥沙 2.77 亿 t，其中 1986～1997 年共淤积泥沙 2.05 亿 t，占该时段总淤积量的 74.2%。

潼三河段的冲淤变化主要与入库水沙条件、枢纽的泄流能力及水库运用方式有关。"蓄清排浑"控制运用以来，水库冲淤基本平衡。2000 年小浪底水库投入运用后，将减轻三门峡水库的防洪、防凌运用负担。因此，潼三河段的淤积不是趋势性的，而是有冲有淤，基本保持冲淤平衡。本次设计水平年采取的水沙系列仍然和黄河下游一致，经三门峡水库数学模型计算，取其中 2～3 年累计最大的淤积量，作为对防洪工程最不利的情况。根据水库设计的淤积形态，进行水库调洪计算，推求设计水平年的水面线。

3. 宁蒙河段

黄河宁蒙河段的冲淤既受上游来水来沙的影响，又与入黄支流的来水来沙有关。根据 1993~1999 年资料，下河沿—石嘴山河段为微淤，多年平均淤积量为 0.102 亿 t，其中下河沿—青铜峡段为微冲，年平均冲刷量为 0.006 亿 t，青铜峡—石嘴山段年平均淤积量为 0.108 亿 t。根据 1991~2000 年资料，石嘴山—蒲滩拐年平均冲淤量 0.702 亿 t，其中石嘴山—旧磴口 0.109 亿 t，巴彦高勒—三湖河口 0.145 亿 t，三湖河口—昭君坟 0.227 亿 t，昭君坟—蒲滩拐 0.221 亿 t。

预测宁蒙河段冲淤以实测资料为依据，年平均淤积量预测值为 5 060 万 m³。各河段年平均淤积厚度为：下河沿—白马按不冲不淤考虑，青铜峡—石嘴山 0.016 m，石嘴山—磴口 0.006 m，巴彦高勒—三湖河口 0.013 m，三湖河口—昭君坟 0.036 m,昭君坟—蒲滩拐 0.023 m。

设计洪水位计算采用计算断面水位—流量、过水面积、流速关系曲线法推求,用伯努力方程对断面之间的计算值与黄河水位站实测水位进行校核。黄河宁蒙河段防凌问题也十分突出,为了使现状设防水位能满足防凌的要求,用 8 个水文站的历年实测最高凌洪水位对洪水水面线进行校正,其中巴彦高勒和昭君坟站最高凌洪水位比现状设防水位分别高 1.30 m 和 0.92 m,根据实际情况,把巴彦高勒站以下 16 km 和昭君坟以下 45 km 河段的现状设防水位分别加 1.5 m 和 1.0 m 作为推求设计防洪水位的基础。将现状设防水位加上河床淤积厚度,作为 2010 年和 2020 年的设计洪水位。

(二)主要支流

1. 沁河下游

沁河下游河道的淤积特点为,小董以上河段河道处于微冲微淤状态;小董以下河段由于受黄河顶托,河道处于淤积状态。据 1995~1999 年实测大断面分析,年平均淤积量 123.97 万 t。

由于沁河来沙较少,沁河下游河道的淤积主要依赖于黄河下游河道的淤积情况,小浪底水库投入运用后可保持铁谢至花园口河段 20 年左右时间不淤积升高。因此,按 2000 年河床边界条件,推求沁河下游 20 年一遇(小董站 4 000 m³/s)设计洪水位。

2. 渭河下游

渭河下游泥沙来源于渭河干流咸阳以上及泾河、北洛河。按 1960~2001 年实测资料统计,华县站多年平均水量为 67.8 亿 m³,沙量 3.33 亿 t。多年平均天然径流量为 86 亿 m³。预测规划阶段年平均水量为 59.5 亿 m³,沙量 3.27 亿 t。

据资料统计,1960~2001 年渭河下游共淤积泥沙 18.27 亿 t,其中 1960~1973 年淤积 14.45 亿 t, 1974~1990 年淤积 0.52 亿 t,1991~2001 年淤积 3.53 亿 t。

渭河下游水面线计算时,洪水组合采用华县与潼关同频率,华县以上按 1933 年洪水比例分配。潼关高程控制 328 m,为安全起见,按 328.5 m 控制推算水面线。计算断面采用 1997 年汛后实测大断面作为现状,按设计水沙条件预测淤积量,并进行铺沙作为预测大断面,推求设计洪水位。

第四章　规划指导思想、总体布局及目标

第一节　指导思想

《规划》以科学发展观为指导，在认真总结黄河治理经验的基础上，针对黄河洪水、泥沙的特点及经济社会发展对黄河防洪的新要求，按照"上拦下排，两岸分滞"洪水和"拦、排、放、调、挖"综合处理泥沙的方针，进一步完善黄河防洪减淤体系；加强水资源节约与保护，改善生态与环境，维护黄河健康；完善水沙调控措施，逐步实现对洪水泥沙的科学管理与调度；重视防洪非工程措施建设，建立和完善防洪社会化管理机制，推进洪水风险管理，提高抗御洪水泥沙灾害的能力，为全面建设小康社会提供防洪安全保障。

第二节　基本原则

(1)坚持以人为本，促进人与自然和谐相处。以保障人民群众生命财产安全为根本，有效地控制洪水和泥沙淤积，同时要遵循自然规律和经济规律，给洪水泥沙以出路，规范人们的水事行为。

(2)防洪建设与经济社会发展相协调。合理确定不同保护对象的防洪标准和流域防洪工程体系总体布局，使防洪建设与经济社会发展水平相适应。

(3)坚持全面规划、统筹兼顾、标本兼治、综合治理。采取多种措施，水沙兼治，突出流域防洪减淤体系的整体作用，协调好整体与局部的关系、一般保护对象与重点保护对象的关系。

(4)因地制宜，突出重点。根据黄河的防洪减淤情势，以下游为重点，兼顾上中游干流河段、主要支流以及大中型病险水库、城市防洪。

(5)工程措施与非工程措施相结合。建立和完善洪水预警预报系统和防洪减灾保障机制，加强洪水风险管理。

(6)坚持优先控制粗泥沙，通过黄土高原水土保持先粗后细，小北干流

放淤淤粗排细，水库拦沙拦粗泄细等措施，控制黄河粗沙。

(7)规划拟定的防洪目标、防洪标准及防洪工程布局，要与土地利用总体规划以及其他相关规划相衔接协调。

第三节　治理方略

水利史册记载了我们祖先不同时期与黄河洪水泥沙作斗争的治河方略。原始社会末期鲧采用的"障水法"、禹主张的"疏川导滞"，两汉时期贾让的"治河三策"、王景的"修渠筑堤立水门"，北宋任伯雨提出的"宽立堤防，约拦水势"，明清时期以潘季驯为主提出的"束水攻沙"等，都比较有代表性。近代治河专家李仪祉、张含英等都提出过各自的治河主张。1946年人民治黄以来，进入现代治黄时期。结合黄河的实际和对黄河治理开发的要求，治黄工作逐步由下游防洪走向全河治理，治黄思想也随之发展，由20世纪50年代初期在黄河下游下段实行"束水攻沙"、上段实行"宽河固堤"和全河实行"蓄水拦沙"，发展到60年代的"上拦下排"，70年代的"上拦下排，两岸分滞"的治河思想。在此基础上，自80年代以来，又逐步增加了"拦、排、放、调、挖"综合处理泥沙措施。在上述不断发展完善的治河思想指导下，进行了大量的治黄工作，成就辉煌，现已初步形成了以干支流水库、堤防、河道整治工程、分滞洪区为主体的黄河下游防洪工程体系，并取得了连续50多年伏秋大汛不决口的安澜局面。

进入21世纪，随着水沙情势变化和流域经济社会发展，黄河出现了新的问题：下游主槽淤积严重，"二级悬河"日益加剧；水资源供需矛盾尖锐，水环境恶化；水土流失依然十分严重，水沙关系更加不协调。为指导黄河治理开发，黄河水利委员会及时提出"维持黄河健康生命"的治河新理念，明确了黄河治理开发的终极目标是维持黄河健康生命。为了堤防不决口，在控制洪水方针、综合处理泥沙措施的基础上，提出了综合管理洪水和下游河道治理方略。

一、"控制、利用、塑造"综合管理洪水

在"上拦下排，两岸分滞"控制洪水方针的基础上，根据治黄新形势，黄河水利委员会提出了由控制洪水向"控制、利用、塑造"综合管理洪水转变。

对大洪水和特大洪水，提高控制能力，依据水文预报、工程布局和可

控能力，按照科学合理的洪水处理方案，通过干支流水库的联合调度和滞洪区的适时启用，将洪水控制在两岸标准化堤防之间，确保大堤不决口，尽最大努力减少灾害损失。控制洪水是管理洪水的前提和基础，管理洪水是对控制洪水理念的继承与发展。

对中常洪水，合理承担适度风险，充分考虑黄河洪水的资源属性和造床功能。一是通过塑造协调的水沙关系，让洪水冲刷河槽，挟沙入海，恢复河槽的过流能力。二是将黄河洪水资源化，可对汛期洪水进行分期管理，科学拦蓄后汛期洪水，为翌年春灌和确保黄河不断流提供宝贵的水资源。

河道是洪水和泥沙的输移通道，当河道内长期没有洪水通过时，主槽就会发生萎缩。在河道里没有洪水且条件具备时，通过水库群联合调度等措施塑造人工洪水及其过程，达到减少水库泥沙淤积、防止主槽萎缩和挟沙入海的多重目的。

二、"上拦下排，两岸分滞"控制洪水；"拦、排、放、调、挖"综合处理泥沙

总结多年的治黄实践，黄河防洪减淤要按照"上拦下排，两岸分滞"控制洪水；"拦、排、放、调、挖"综合处理泥沙。将控制洪水和解决泥沙问题有机地结合起来，逐渐形成和完善防洪减淤体系，可以实现黄河的长治久安。

解决黄河的洪水和泥沙问题，必须采取综合措施。"上拦"就是根据黄河洪水陡涨陡落的特点，在中游干支流修建大型水库，以显著削减洪峰；"下排"即充分利用河道排洪入海；"两岸分滞"即在必要时利用滞洪区分洪，滞蓄洪水。泥沙问题是黄河难治的症结所在，需采取多种措施综合治理。"拦"主要靠上中游地区的水土保持和干支流控制性骨干工程拦减泥沙。"排"就是通过各类河防工程的建设，将进入下游的泥沙利用现行河道尽可能多地输送入海。"放"主要是在中下游两岸处理和利用一部分泥沙。"调"是利用干流骨干工程调节水沙过程，使之适应河道的输沙特性，以利排沙入海，减少河道淤积和节省输沙水量。"挖"就是挖河淤背，加固黄河干堤，逐步形成"相对地下河"。

三、"稳定主槽、调水调沙，宽河固堤、政策补偿"的下游河道治理方略

小浪底水库是黄河防洪减淤体系的关键性工程，作用重大。它的建成

投入运用，使黄河下游防洪形势由被动转为主动，但是仅靠小浪底水库是不够的，下游防洪形势仍不容乐观，主要体现在以下几个方面：一是黄河下游堤防质量差，二是下游河道主流游荡多变，三是小浪底水库控制不了小花间洪水，四是小浪底水库特定的运行方式塑造出两极分化的流量过程。加之近些年来下游河床萎缩严重、"二级悬河"发育加快、主槽过洪能力急剧下降等突出问题，使得黄河下游的治理备受关注。对此，黄河水利委员会多次召开专家研讨会，集思广益，提出黄河下游河道治理方略为"稳定主槽、调水调沙，宽河固堤、政策补偿"。这"十六字"治理方略含义如下：

"稳定主槽"和"调水调沙"为一组，联系紧密，相互配合。前者是防洪减淤要求的河槽形态，需要通过一系列的河道整治工程措施，不断调整和完善，用来控制游荡多变的河势，逐步塑造一个相对窄深的主槽，且能保持稳定；后者是继续修建干支流控制性骨干水库，逐步完善水沙调控体系，水库群联合调度，调水调沙运用，使下游河道形成 4 000 ~ 5 000 m³/s 的中水河槽，尽可能使水流在主槽中运行并不断刷深主槽，一般情况下不漫滩，也不致影响滩区群众的生产生活。"宽河固堤"与"政策补偿"为一组，紧密配合，相辅相成。前者是当黄河下游遭遇大洪水或特大洪水时，漫滩行洪，淤滩刷槽，由两岸标准化堤防约束洪水，不致决口成灾，保证两岸平原的安全；后者是由于洪水在滩区所造成的灾情，由国家通过补偿政策，给滩区受灾群众一定的经济补偿，开展滩区治理，使滩区广大群众和全国人民一道奔小康。由于下游滩区面积大，削峰滞洪和沉沙作用十分明显，同时又因滩区居民较多，生产生活与下游治理紧密相联。因此，实行滩区淹没补偿政策，不但可以保证黄河下游河道治理方略得以顺利实施，而且还可以有效解决由此引发的黄河下游滩区的治理开发管理问题、生产堤的破除问题、调水调沙实施问题等一系列矛盾，黄河下游主槽的过洪能力也将得以恢复和维持，河流的健康生命就有条件得以维持。

第四节　防洪减淤体系总体布局

防洪减淤是维持黄河健康生命的重要内容，根据多年来的治黄实践和各方面的探索研究成果，解决黄河的洪水和泥沙问题，必须针对洪水、泥沙的来源区及危害河段，上中下游统筹兼顾，采取多种措施，互相配合，水沙兼治，综合治理。

按照前述治理方略，黄河防洪减淤的总体布局是：搞好黄土高原水土保持，特别是多沙粗沙区治理，减少入黄泥沙，尤其是进入下游河道的粗泥沙；实施小北干流放淤工程，淤粗排细；利用龙羊峡、刘家峡、三门峡和小浪底等已建的骨干水利枢纽，以及在上中游规划兴建的一批水利枢纽工程，拦蓄洪水泥沙，调水调沙，构筑控制黄河粗泥沙的三道防线。结合南水北调西线工程，为调水调沙提供动力。在黄河下游，建设标准化堤防约束洪水；大力开展河道整治，控导河势，结合调水调沙，塑造、维持中水河槽；配套完善分滞洪工程，分滞洪水；搞好滩区安全建设，对漫滩洪水淹没损失实行政策补偿；结合挖河淤背固堤，淤筑"相对地下河"。加快黄河上中游干流及主要支流重点防洪河段的河防工程建设。完善水文测报、洪水调度、通信、防汛抢险、防洪政策法规等非工程措施，形成完整的防洪减淤体系。现分述如下。

一、水沙调控体系

水沙调控体系主要由已建的干流龙羊峡、刘家峡、三门峡、小浪底和支流陆浑、故县以及拟议中的干流碛口、古贤、黑山峡河段工程和支流河口村、东庄等控制性骨干工程组成。就防洪减淤来讲，水沙调控体系具有拦蓄洪水、拦减泥沙、调水调沙三大功能，对黄河下游及上中游河道防洪减淤具有重要作用。鉴于洪水泥沙主要来自中游地区，而水量主要来自上游地区，需要采取不同的水库群组合联合运用，形成上游干流骨干水库群及中游干支流骨干水库群两个子体系。对于中游水库群，利用三门峡、小浪底、陆浑、故县、河口村等干支流水库的防洪库容拦蓄洪水，有效削减下游洪水；利用碛口、古贤、小浪底等水库拦沙库容拦减泥沙，大幅度减少进入下游河道的泥沙；利用以小浪底、古贤为核心的中游干支流水库联合调水调沙，塑造并维持下游河道 4 000～5 000 m³/s 中水河槽，长期减轻下游河道淤积。利用上游水库调水调沙，长期减轻宁蒙河段淤积；同时，在汛期、凌汛期投入防洪防凌运用，减轻宁蒙河段的防洪防凌负担，并为中游水库群调水调沙提供水流动力。

干流骨干水库规模巨大，调蓄能力强，是全河最有影响的控制性骨干工程，实行全河统一调度，调水调沙运用，塑造和维持宁蒙河段、禹门口至潼关河段、黄河下游河道的中水河槽，多输沙入海。

小浪底水库位于黄河干流最后一个峡谷的下口，是防治黄河下游水害、开发黄河水利的重大战略措施。小浪底水库总库容 126.5 亿 m³，与三门峡、故县、陆浑水库联合运用，可大幅度削减下游洪水，基本解除下游凌汛、洪水威胁。可利用死库容拦沙 100 亿 t，减少下游河道淤积 76 亿 t，相当于 20 年的淤积量。

古贤水库位于晋、陕峡谷的下段，可以控制河龙区间的全部洪水和入黄泥沙 9.38 亿 t(约占全河泥沙的 59%)。水库总库容 153 亿 m³，有效库容 48.5 亿 m³。水库拦沙库容 104.5 亿 m³，水库拦沙 138 亿 t，可减少下游河道淤积 77 亿 t，相当于下游河道 21 年的淤积量；可以减少禹门口至潼关河道淤积量 54 亿 t，相当于该河段 52 年的淤积量，可使潼关高程降低，对禹潼河段和渭河下游治理具有巨大作用。水库塑造高含沙水流，为小北干流放淤服务。该水库还可以减轻三门峡水库对"上大洪水"滞洪时的淤积。

碛口水库位于晋、陕峡谷的中部，可以控制入黄泥沙约 5.65 亿 t(约占全河的 35%)。碛口水库总库容 125.7 亿 m³，可以拦沙 144 亿 t，可减少黄河下游河道淤积 74 亿 t，相当于黄河下游河道 20 年的淤积量；减少禹门口至潼关河道淤积 22 亿 t，相当于 20 年的淤积量。

关于黑山峡河段，鉴于目前有关方面对其开发的功能定位尚有不同认识，需要从维持黄河健康生命出发，统筹考虑黄河治理开发的总体要求、流域综合管理与统一调度，以及南水北调西线工程前期工作和建设时机、移民安置、环境影响等重大问题，进一步做好黑山峡河段开发方案论证工作。

根据目前的研究，应适时兴建一些必要的水库工程，逐渐形成完善的黄河水沙调控体系，配合其他措施，可使下游河道在 100 年或更长时间内不显著淤积抬高，潼关高程得到有效控制，争取有所降低。

二、水土保持

水土保持是减少入黄泥沙，治理黄河的根本措施。由于黄土高原地区自然地理条件复杂，水土流失面广量大，类型多样，必须根据各类型区的特点分区治理。现已查明，最为突出的重点地区是水土流失面积 45.4 万 km² 中的 7.86 万 km² 的多沙粗沙区，来沙量占黄河总泥沙的 63%，其中大于 0.05 mm 的粗沙量占全河粗沙总量的 73%，该地区的产水产沙变化直接关系到全河防洪减淤和调水调沙运用，因此重点加强这一地区的治理是减少入黄泥沙和减轻下游河道淤积的关键，必须集中力量，增加投入，加快治理。以小流域为单元，因地制宜，以淤地坝为主，生物和耕作等措施并举，综合治理。针对多沙粗沙区重力侵蚀严重的特点，淤地坝建设是水土保持的关键，大量修建淤地坝，就地拦蓄泥沙，可以迅速减少进入黄河的泥沙。经过一代又一代人长期坚持不懈的努力，可以最终达到显著减少的效果。

三、放淤工程

在黄河干流部分河段引洪放淤是处理泥沙的重要措施之一。黄河小北干流(禹门口至潼关河段)滩地面积广阔，居民稀少，生产相对落后，大部分为盐碱低洼地，是堆放黄河泥沙的理想场地。以淤粗排细为目的，将黄河部分粗泥沙堆放于此，延长黄河小浪底水库拦沙减淤寿命，减轻下游河道淤积。初步分析，采取有坝放淤措施，335 m 高程以上滩地可放淤 100 亿 t 左右，相当于小浪底水库的拦沙量，可继续减缓黄河下游河道淤积抬高，还对降低潼关高程十分有利，是处理泥沙和有效降低潼关高程的一项重大战略措施。

四、河防工程

河防工程是防洪减淤体系的基础，其建设的重点是黄河下游，包括标准化堤防建设、河道整治、挖河固堤及"二级悬河"治理、河口治理等，这是一项长期的任务。

根据水沙条件变化及河道冲淤情况，坚持不懈地进行堤防加高加固，建成标准化堤防，防止堤防决溢；加强河道整治，挖河疏浚，治理"二级悬河"，塑造相对窄深的中水河槽，控制游荡性河势，稳定主槽，防止直冲大堤的"横河"、"斜河"等不利河势的发生。加强河口治理，相对稳定入海流路，减少河口淤积延伸对下游河道溯源淤积的影响。

黄河下游河道高悬于黄淮海平原之上，是防洪问题历来十分严重的根本原因。从长远考虑，有计划地利用黄河泥沙，坚持不懈地采取放淤固堤、挖河固堤等措施，淤高背河地面，构筑"相对地下河"，扭转"地上悬河"造成严重威胁的被动局面。

通过综合治理，使下游河道在遭遇不同量级的洪水时，都能顺畅地排洪排沙入海：即在中小洪水时，水流在相对窄深的主槽中行进，减少洪水漫滩，使滩区群众安居乐业；大洪水或特大洪水时，全面漫滩行洪，利用广阔的滩地滞洪沉沙，淤滩刷槽，扩大主槽过洪能力，依靠标准化堤防约束洪水，保障黄淮海平原经济社会稳定发展，洪水漫滩造成的滩区灾情由国家给予补偿。

同时，加强黄河宁蒙河段、禹门口至潼关河段、潼关至三门峡大坝等上中游干流河段，以及沁河下游、渭河下游等主要支流重点防洪河段的堤防、险工、控导护岸等河防工程建设，全面提高流域防洪能力。

五、分滞洪工程

当黄河下游发生超过堤防设防标准洪水时，为了减少洪灾损失，需要使用分滞洪区分滞洪水，牺牲局部保全大局。目前黄河下游分滞洪区共有五处，即东平湖滞洪区、北金堤滞洪区、大功分洪区、齐河及垦利展宽区。作为分滞洪区，当地经济社会发展受到了一定程度的制约，相对落后于周边地区，群众生活较为困难。小浪底水库的建成运用，可大幅度削减下游稀遇洪水，防凌形势也大为改观，加上滞洪区经济社会发展的需求，应根据不同情况，明确分滞洪区的取舍和地位，合理安排工程及安全建设。本次规划安排是：东平湖滞洪区为重点滞洪区，分滞黄河设防标准以内的洪水；北金堤滞洪区为保留滞洪区，作为处理超标准特大洪水的临时分洪措施；其余三处可以取消。理由如下：

东平湖滞洪区位于黄河下游由宽河道转为窄河道的过渡段，是保证窄河段防洪安全的关键工程，承担分滞黄河洪水和调蓄汶河洪水的双重任务，控制艾山下泄流量不超过 10 000 m³/s。小浪底水库建成后，东平湖滞洪区的分洪运用几率为近 30 年一遇，分洪运用仍很频繁，为必须保留的滞洪区，是今后分滞洪区建设的重点。抓紧东平湖滞洪区工程除险加固，疏通北排及南排通道，搞好湖区 33.81 万群众的安全建设，保证分洪运用时，"分得进、守得住、排得出、群众保安全"。

北金堤滞洪区是防御黄河下游超标准洪水的重要工程措施之一。滞洪区内人口约 170 万人，还有国家大型企业中原油田。小浪底水库建成后，北金堤滞洪区的分洪运用几率为近 1 000 年一遇。虽然北金堤滞洪区的分洪运用几率很小，但考虑到小浪底水库拦沙库容淤满后，下游河道仍会继续淤积抬高，堤防防洪标准将随之降低，从目前的认识和黄河防洪减淤的长远考虑，本规划将北金堤滞洪区作为防御特大洪水的临时分洪措施，予以保留。

大功分洪区的主要任务是防御花园口 30 000 m³/s 以上特大洪水。大功分洪区是应对黄河下游超标准洪水的一项临时应急措施。小浪底水库建成后，黄河下游 1 000 年一遇洪水花园口洪峰流量 22 600 m³/s，10 000 年一遇洪水花园口洪峰流量 27 400 m³/s。即 10 000 年一遇洪水花园口洪峰流量也不足 30 000 m³/s，大功分洪区使用的几率小于 10 000 年一遇。因此，不再使用大功分洪区处理黄河下游洪水。

齐河、垦利展宽区是为解决济南、垦利两个卡口河段的防凌问题而修建的。主要任务是保证展宽区附近及其以下河段的防凌、防洪安全。小浪底水库运用后，黄河下游防凌形势发生了很大变化：一是水库防凌调控能力增强，小浪底与三门峡水库联合运用，防凌库容 35 亿 m³，可基本满足防凌水量调节要求；二是水库下泄水流温度增高，封冻河段缩短；三是防凌技术和信息化水平的发展，使下游河道流量控制和调度手段有很大提高。从防凌角度来看，可不使用齐河、垦利展宽区分凌；从防洪角度来看，也不需要齐河展宽区分洪运用；综合考虑，取消齐河、垦利展宽区。

黄河下游滩区是行洪、滞洪、沉沙的重要区域，具有滞洪区的性质，应搞好滩区安全建设，建立淹没补偿机制，制定黄河下游滩区淹没补偿办法，控制滩区无序开发，避免"人与河争地"，给洪水、泥沙以出路。

六、防洪非工程措施

防洪非工程措施对保障防洪安全有长期的重要作用。应结合科技进步，提高技术手段，在进一步开展黄河基础科学研究的基础上，逐步完善非工程措施。搞好水情测报、防汛专用通信网、信息网、决策支持系统、洪水调度等数字防汛建设，由控制洪水逐步向洪水管理转变，加强防洪、防凌工程的统一调度和防洪区管理，制定完善有关政策、法规，加强水政执法，强化防汛抢险技术培训，逐步形成适应防洪减淤体系有效运作的管理保障体系。

第五节　规划目标

黄河治理开发的总体目标是维持黄河健康生命，防洪减淤是其重要组成部分，应服从这一总体目标，谋求黄河的长治久安，保障流域及下游防洪保护区经济社会可持续发展。在本规划期内，近期和远期的规划目标分别如下。

一、近期目标

到 2015 年，初步建成黄河防洪减淤体系，基本控制洪水，确保防御花园口洪峰流量 22 000 m³/s 堤防不决口。适时建设干支流骨干工程，基本形成下游水沙调控体系，结合挖河固堤及"二级悬河"治理，与现有水库联合运用，实现下游 4 000～5 000 m³/s 中水河槽的塑造，逐步恢复主槽行洪排沙能力；基本完成下游标准化堤防建设，强化河道整治，初步控制游荡性河段河势，提高宁蒙河段防治冰凌洪水灾害的能力，实施东平湖滞洪区工程加固和安全建设，保证分洪运用安全。加强滩区安全建设，研究和建立滩区淹没政策补偿机制，基本保证滩区群众生命财产安全。加强河口治理，相对稳定入海流路。实施小北干流放淤工程，淤粗排细，减轻小浪底水库及下游河道淤积。基本控制人为产生新的水土流失，新增水土流失治理面积 12.1 万 km²，平均每年减少入黄泥沙达到 5 亿 t，遏制生态环境恶化的趋势。

黄河上中游干流、主要支流重点防洪河段的河防工程基本达到设计标准，大中型病险库除险加固全部完成，防洪任务较重的 8 座省会城市全部达到国家规定的防洪标准。

加强信息化建设，以信息化为突破口，以建设"数字黄河"工程为重点，基本实现防洪非工程措施及管理现代化。

二、远期目标

到 2025 年，基本形成以干流骨干水库为主的水沙调控体系，防止河床抬高，维持下游中水河槽稳定，局部河段初步形成"相对地下河"雏形；基本控制下游游荡性河段河势。保障滩区群众生命财产安全，完善政策补偿机制。根据实施效果，继续开展小北干流放淤，延长小浪底水库寿命，减轻下游河道淤积。继续开展水土流失区的治理，再治理水土流失面积 12.1 万 km²，多沙粗沙区基本得到治理，平均每年减少入黄泥沙达到 6 亿 t，生态环境恶化的趋势进一步得到遏制。

黄河上中游干流、主要支流防洪河段的河防工程达到设计标准，重要城市达到国家规定的防洪标准。

第五章　下游防洪减淤规划

　　黄河下游防洪既要防御洪水决堤，又要防止河道淤积，尤其是主槽淤积；既要管理洪水，又要处理和利用泥沙。为防止洪水决堤，必须加强标准化堤防、河道整治、滞洪区等下游防洪工程建设。为防止泥沙淤积河道，需要搞好黄土高原水土保持和小北干流放淤，减少进入下游河道的泥沙，尤其是粗泥沙；建立完善的黄河水沙调控体系，管理洪水，拦减泥沙，调水调沙。

第一节　下游防洪工程规划

一、堤防工程

　　黄河下游防洪保护区面积 12 万 km²，保护区内人口 9 064 万人，耕地 1.1 亿亩。保护区内有郑州、开封、新乡、济南等重要城市；分布着京广、陇海、京九和津蒲等重要铁路干线；中原油田、胜利油田、兖济和淮北煤田等重要能源基地，还有众多公路交通干线、灌排系统等。黄河一旦决口，水冲沙压，洪灾损失非常巨大，对生态环境也造成长期的不利影响。根据《防洪标准》分析，黄河下游堤防保护区的防洪标准为 200 年一遇以上。按照《堤防工程设计规范》规定，下游临黄大堤属于特别重要的 1 级堤防。

　　本次规划堤防设防流量仍按国务院批准的防御花园口 22 000 m³/s 洪水标准。考虑到河道沿程滞洪和东平湖滞洪区分滞洪作用，以及支流加水情况，沿程主要断面设防流量为：夹河滩 21 500 m³/s、高村 20 000 m³/s、孙口 17 500 m³/s、艾山以下 11 000 m³/s。

(一)堤防加固

　　黄河下游堤防加固主要是解决堤防"溃决"和部分"冲决"问题。对于堤身，一方面不仅应满足渗流稳定要求，还要消除因填筑不实、土质不良、獾狐洞穴等隐患引起的堤身破坏；另一方面由于黄河下游堤基复杂，洪水期容易形成集中渗流，出现渗透变形，甚至对堤防造成破坏。也要防止堤基问题引起的流土、管涌等破坏。人民治黄以来，黄河下游大堤加固采用的主要措施有前戗、后戗、放淤固堤、截渗墙、锥探压力灌浆等。

前戗是选择渗透系数较小、优于原堤身土质的土料培厚大堤临河侧，通过临河截渗，达到降低堤身浸润线的目的。后戗是在大堤背河坡采用人工或机械填土夯实的方法，培厚大堤断面，达到延长渗径的目的。放淤固堤是利用挖泥船或泥浆泵抽取河道的泥沙，输送到堤防背河侧，形成体积较大的放淤体，全面加固堤身和堤基。截渗墙是在堤防的堤身堤基开槽浇筑混凝土或水泥土墙体，以达到截渗的目的。锥探压力灌浆是在大堤上普遍进行压力灌浆，以填充部分堤身空洞、裂缝。

经过长期的实践证明，放淤固堤优点最为明显：一是可以显著提高堤防的整体稳定性，有效解决堤身质量差问题，处理堤身和堤基隐患；二是较宽的放淤体可以为防汛抢险提供场地、料源等；三是从河道中挖取泥沙，有一定的疏浚减淤作用；四是淤区顶部营造的适生林带对改善生态环境十分有利；五是长期实施放淤固堤，利用黄河泥沙淤高背河地面，淤筑"相对地下河"，可逐步实现黄河长治久安。同时该措施已受到沿黄地方政府的大力支持。截渗墙对消除堤身隐患和处理基础渗水也有较好作用。因此，规划选定放淤固堤为下游堤防加固的主要措施，对于实施放淤固堤难度比较大的堤段，采用截渗墙加固。

黄河发生大洪水时，在堤防的背河侧常出现渗水、管涌、滑坡、陷坑、漏洞等险情，如果抢护不及时，就可能导致堤防"溃决"，造成重大灾难。根据历史险情调查资料统计，背河堤坡发生渗水、滑坡和漏洞的具体位置有很大的差别，渗水位置一般低于临河水位 2 m 左右，漏洞位置最高时接近临河水位。背河堤脚以外发生渗水、管涌、陷坑，一般集中在距堤脚 100 m 范围以内，最远的曾在堤脚 200 m 以外 (如 1996 年山东省鄄城县康屯堤段)。

为了基本覆盖背河地面经常出现险情的范围，保证堤身背河侧不再发生漏洞、滑坡等，结合黄河下游建设相对地下河的要求，本次规划放淤固堤宽度为 100 m，高度与设计洪水位平(含盖顶部分)。在淤背体的边坡和顶部包边盖顶，厚度为 0.5 m，顶部营造适生林带。

为了消除堤身质量差、老口门、裂缝、狐獾洞穴、堤基渗水等隐患，对沁河口以下重要堤防需要全面加固。规划堤防加固建设的原则是：以放淤固堤为主，截渗墙加固为辅；凡具备放淤固堤条件的堤段均采用放淤固堤加固，对背河有较大村镇、搬迁任务较重的堤段采用截渗墙加固。

黄河下游临黄大堤总长 1 371.2 km(不含河口堤防)，扣除沁河口以上长 46.2 km、达到加固标准的堤段 51.7 km(其中放淤固堤达到标准的 44.6 km、截渗墙加固 7.1 km)，规划加固堤段长 1 273.3 km，其中放淤固堤 1 185.6 km、截渗墙加固 87.7 km(见表 5-1)。

表 5-1　黄河下游堤防加高加固工程规划

河段	岸别	堤防长度 (km)	堤防加高帮宽长度(km)		堤防加固长度(km)		
			加高帮宽	其中加高	放淤固堤	截渗墙	合计
郑州铁桥以上	左岸	66.923	34.540	5.000	28.28		28.28
	右岸	7.600	7.600	2.024			
	小计	74.523	42.140	7.024	28.28		28.28
郑州铁桥—东坝头	左岸	104.128	97.798	0.686	100.03		100.03
	右岸	144.652	42.874		124.25	0.5	124.75
	小计	248.780	140.672	0.686	224.28	0.5	224.78
东坝头—高村	左岸	86.320	85.320	67.320	86.32		86.32
	右岸	67.103	48.000	21.400	60.50	6.6	67.10
	小计	153.423	133.320	88.720	146.82	6.6	153.42
高村—陶城铺	左岸	139.485	128.085	56.007	99.75	39.7	139.49
	右岸	147.753	145.752	62.580	116.59	26.5	143.05
	小计	287.238	273.837	118.587	216.34	66.2	282.54
陶城铺—泺口	左岸	132.700	127.700	98.420	132.30		132.30
	右岸	31.580	31.580	22.930	20.38	1.2	21.58
	小计	164.280	158.730	121.350	152.68	1.2	153.88
泺口以下	左岸	217.423	217.424	129.819	202.68	6.8	209.52
	右岸	225.560	224.190	131.399	214.51	6.4	220.86
	小计	442.983	441.614	261.218	417.19	13.2	430.38
左岸合计		746.979	690.867	357.252	649.36	46.6	695.94
右岸合计		624.248	499.996	240.333	536.23	41.1	577.35
总计		1371.227	1 190.863	597.585	1 185.59	87.7	1273.29

(二)堤防加高帮宽

根据《堤防工程设计规范》要求，设计堤顶高程为设计洪水位加超高，超高为波浪爬高、风壅增水高度及安全加高三者之和。超高计算结果与黄河下游各河段现状超高的实际情况对比，两者差距很小，因此本次规划仍沿用以往的标准。即各河段的堤防超高为：沁河口以上 2.5 m，沁河口至高村 3.0 m，高村至艾山 2.5 m，艾山以下 2.1 m。

堤顶宽度的确定主要考虑到堤身稳定要求、防汛抢险、料物储存、交通运输、工程管理等因素。考虑到临黄大堤属于特别重要的 1 级堤防，设计顶宽 12 m。堤防临、背河边坡 1：3。

按堤防实测资料，与堤防设计基本断面相比，现状大堤高度不足的堤段长 916.98 km，其中高度不足值在 0.5 m 以上的堤段 597.585 km。规划加高帮宽堤段总长 1 190.863 km，其中加高 597.585 km(见表 5-1)。

(三)险工改建加固

险工是紧邻大堤修建的由丁坝、垛、护岸组成的护堤建筑物，并和控导工程共同控制河势变化，保护堤防安全。黄河下游险工历史悠久，东坝头以上的黑岗口险工建于 1625 年，马渡和万滩险工建于 1722 年，花园口险工建于 1744 年，距今都有 250 年以上的历史。东坝头以下险工在 1855 年铜瓦厢改道后修建。当时险工多为秸埽和砖埽结构。人民治黄以来，对险工进行了三次加高改建，一般坝垛加高 3～6 m。黄河下游现有险工 135 处，坝垛护岸 5 279 道，工程总长度 310.5 km，裹护长度 269.0 km。坝型结构主要为乱石坝、扣石坝及砌石坝。

险工存在的主要问题是高度不足，根石坡度陡、深度浅，部分坝型不合理，自身稳定性差以及工程老化等。根据险工存在的主要问题，拟定险工改建加固原则为：坝顶高程低于设计坝顶高程 0.5 m 以上的进行加高，砌石坝全部拆改为扣石坝或乱石坝，对扣石坝或乱石坝坦石坡度不够的进行拆改，根石坡度和深度达不到设计要求的坝垛进行加固。规划近期改建加固黄河下游险工坝垛数 4 566 道，远期加固坝垛数 5 279 道(见表 5-2)。

险工顶部比大堤设计顶部高程低 1 m，根石台与 3 000 m³/s 水位平，坝垛平均稳定冲刷深度为 12 m。险工坝垛由土坝体、坦石及根石组成，坝型采用稳定性较好的乱石坝或扣石坝。土坝体顶宽 15 m，裹护段边坡 1：1.3，非裹护段边坡 1：2。坦石顶宽 1 m，内坡 1：1.3，外坡 1：1.5。根石台顶宽近期为 2 m，远期为 3 m；根石坡度近期为 1：1.5，远期为 1：2。为防止根石走失，根石材料采用散抛石、铅丝笼及混凝土四脚体。

防护坝工程是在堤防平工段有顺堤行洪、偎堤走溜可能的堤段修建丁

表 5-2 黄河下游险工改建加固规划

河段	岸别	工程处数	坝垛数(道)	
			近期	远期
郑州铁桥以上	左岸	5	140	145
	右岸	1	29	126
	小计	6	169	271
郑州铁桥—东坝头	左岸	2	76	140
	右岸	13	698	873
	小计	15	774	1 013
东坝头—高村	左岸	2	22	65
	右岸	6	165	130
	小计	8	187	195
高村—陶城铺	左岸	11	135	163
	右岸	12	333	332
	小计	23	468	495
陶城铺—泺口	左岸	30	1 212	1 218
	右岸	5	233	233
	小计	35	1 445	1 451
泺口以下	左岸	20	847	963
	右岸	28	676	891
	小计	48	1 523	1 854
左岸合计		70	2 432	2 694
右岸合计		65	2 134	2 585
总计		135	4 566	5 279

坝抗溜防冲,以保护堤防安全。目前黄河下游偎堤行洪走溜堤段较多,已修有防护坝 383 道。现有防护坝工程大部分是历史遗留,工程标准低,很多坝垛年久失修,多年未加高,有的仅有土坝体,抗洪能力较差,加之工程数量较少,不能满足抗溜护堤要求。为防止滚河引起顺堤行洪,造成堤防决溢,需要加强防护坝工程建设。规划在中牟、原阳、长垣、兰考、濮阳等易发生顺堤行洪的堤段修建防护坝 131 道,近期加高加固防护坝 146道,远期 514 道。

(四)穿堤建筑物

下游临黄大堤上现有引黄涵闸 89 座(不含河口),设计引水能力达 4 147 m^3/s;虹吸 11 处,引水能力约 40 m^3/s。据近年来统计,年均引水量 100 多亿 m^3,灌溉面积 4 000 多万亩,为沿黄农业灌溉和城市、油田及工业供水发挥了巨大作用。为了分洪分凌修建的分洪、分凌闸8座，退水闸5座，设计分洪分凌流量19 330 m³/s，退水流量6 030 m³/s，有控制地进行分洪分凌运用。

由于涵闸、虹吸工程修建在黄河大堤上，其安全直接涉及到整个防洪堤线的安全，随着黄河下游河道冲淤变化和使用年限的增加，防洪能力逐渐降低，为使其与堤防保持同等水平的防洪能力，在对堤防加高、加固的同时，对防洪标准不足的涵闸、虹吸工程，也需要同期进行改建加固。

根据涵闸安全稳定分析，有31座涵闸不满足防洪要求，本次规划改建、加固引黄涵闸30座，并对麻湾分凌闸进行处理，对现有11处虹吸全部拆除(见表5-3)。

表5-3　穿堤建筑物改建及堤防附属工程规划

河段	岸别	堤防长度(km)	涵闸改建(座)	虹吸拆除(处)	防浪林(km)	堤顶硬化(km)	防汛道路(km)
郑州铁桥以上	左岸	66.92	3		47.7	21.89	67
	右岸	7.60			0.3	7.60	7
	小计	74.52	3		48.0	29.49	74
郑州铁桥—东坝头	左岸	104.13	5	3	96.2	113.68	104
	右岸	144.65	7		86.4	109.85	145
	小计	248.78	12	3	182.6	223.53	249
东坝头—高村	左岸	86.32	3	2	83.8	86.32	86
	右岸	67.10			50.8	67.10	67
	小计	153.42	3	2	134.6	153.42	153
高村—陶城铺	左岸	139.49	8	3	123.3	139.49	139
	右岸	147.75	2		111.2	147.75	148
	小计	287.24	10	3	234.5	287.24	287
陶城铺—泺口	左岸	132.70			71.7	121.47	133
	右岸	31.58			21.3	11.68	31
	小计	164.28			93.0	133.15	164
泺口以下	左岸	217.42	1		179.1	217.42	217
	右岸	225.56	2	3	188.8	173.75	226
	小计	442.98	3	3	367.9	391.17	443
左岸合计		746.98	20	8	601.89	700.27	746
右岸合计		624.25	11	3	458.80	517.73	624
总计		1 371.23	31	11	1 060.69	1 218.00	1 370

(五)堤防附属工程

1. 防浪林

黄河下游河道宽1~20 km，在洪水期间，水面开阔，风浪对堤防的破坏相当严重。加之近年来"二级悬河"发育，增大了顺堤行洪的可能性。为此，规划在临河侧靠堤脚处建设防浪林带。

防浪林带的主要作用：一是能够有效地防止风浪对堤防的破坏，减少堤防的防汛压力；二是在洪水漫滩后，能够有效地消耗水流能量，减缓顺堤行洪的流速，减轻水流对堤防的直接破坏；三是能够有效地缓流落淤、加快沿堤低洼地带的淤积抬高，使槽高、滩低、堤根洼的不利局面得以改善。考虑到堤防险工多偎水靠溜，本次规划仅安排在临黄大堤平工段临河侧种植防浪林，防浪林长度为1 060.69 km(见表5-3)。

防浪林的宽度，根据黄河下游河道的具体情况，陶城铺以上河道较宽，规划防浪林宽度为50 m；陶城铺以下河道较窄，防浪林宽度为30 m。

2. 堤顶硬化

黄河下游临黄大堤不仅是黄河下游防洪工程体系的重要组成部分，也是防汛抢险的交通要道。下游堤顶主要是土路面，由于黄河下游主汛期与雨期同季，每逢下游的多雨季节，堤顶泥泞难行，不能满足防汛抢险交通需要，亟待改善。为了有利于防洪抢险，规划对黄河下游临黄大堤进行堤顶硬化。扣除现状已采用沥青路面硬化堤段，本次规划共安排堤顶硬化1 218 km(见表5-3)，参照三级公路建设。

3. 防汛道路

现有黄河下游上堤防汛道路较少，大型防汛抢险车辆上堤多需绕行，与黄河堤防险情发展迅猛、强调第一抢险时间的特点极不适应。为满足堤防防汛抢险的对外交通要求，规划沿堤平均10 km安排一条上堤抢险道路，平均每条长10 km，共安排防汛道路1 370 km(见表5-3)。另外，现有堤顶防汛屋年久失修，考虑防汛机械化需要，规划对防汛屋按每公里120 m²集中进行建设。

(六)结合引黄沉沙淤筑相对地下河试点工程

构筑相对地下河是黄河下游防洪的一项重要战略措施。形成相对地下河主要是靠放淤固堤和挖河固堤,利用引黄泥沙也可以淤高部分背河地面。

近年来，黄河下游两岸平均每年引黄供水100多亿 m³，引沙量1亿多 t，大量的泥沙淤积在灌排渠道，每年要花费大量的人力、物力清淤，清出的泥沙占压农田，每遇大风，尘土飞扬，引起周边地区沙化。结合引黄供水沉沙淤筑相对地下河，是在引黄渠首附近沿堤背修建沉沙条渠集中沉沙，淤高背河地面，既可以减轻灌排渠道淤积，又可将两岸地面逐步淤筑成高于或平于设防水位的两条人工岗岭，形似于地下行河，消除地上悬河威胁，保证黄河下游的防洪安全。根据"八五"国家重点科技攻关项目《结合引黄供水沉沙淤筑相对地下河的研究》成果，近期选择马扎子和人民胜利渠两处试点工程，由国家和地方共建，待取得经验后远期逐步推广。

二、河道整治

为了控制黄河下游河势变化，在充分利用险工的基础上，自下而上修建控导工程进行河道整治，险工和控导工程相互配合，共同控导河势(本节专指控导工程)。控导工程是在滩岸前沿修建的坝垛护岸工程，主要是控导河势、保护堤防的安全，并对局部滩地有保护作用。黄河下游现有控导工程 205 处，坝垛 3 887 道，工程长度 351 km。这些工程发挥了控制河势，缩小主流游荡范围，减少"横河"、"斜河"发生的机遇，减轻了冲决大堤的危险。河道整治存在的主要问题是：高村以上河段整治难度大，布点工程还没有完成，已建工程长度不足，主流仍然游荡多变，中常洪水严重威胁堤防的安全。现有工程标准低，除部分工程高度不足外，普遍存在着根石坡度陡、深度浅、工程自身稳定性差等问题。

(一)整治方案及规划治导线

根据多年来黄河下游河道整治的实践经验，微弯型整治在窄河段取得了很大成效，在宽河段也逐步得到了推广应用，本次规划仍然采用中水流量微弯型整治方案。

整治流量是整治河道的控制流量，是确定整治线、整治建筑物设计的依据。1986 年以来，黄河下游来水来沙明显减少，河槽淤积发展迅速，平滩流量由 1985 年以前的 6 000 m³/s 左右减小到 2 000～3 000 m³/s。由于主槽流量减小，易出现小水坐弯，出险几率增加，直接威胁黄河下游的防洪安全，因此研究分析现状及小浪底水库投入运用后的整治流量是必要的。规划采用苏联马卡维也夫法对小浪底水库运用后的下游造床流量分析，500～1 000 m³/s 流量级出现的频率大，且一般为清水冲刷，造床作用大；2 500～3 000 m³/s 水库排沙，含沙量大，造床作用也大；3 500～4 000 m³/s 水库为敞泄排沙，水流动能大，造床作用强烈。综合考虑平滩流量及造床流量分析结果，结合黄河下游游荡型河道河床演变特点和水沙的变化趋势，尤其是小浪底水库的初期调水调沙运用,本次规划将整治流量由原来的 5 000 m³/s 调整为 4 000 m³/s。

据此，利用小浪底水库建成后的水沙条件进行了物理模型试验、数学模型计算，对宽河段治导线进行了修订。治导线修订的重点在东坝头以上河段。本次将排洪河槽宽度由原来的 2.5 ~ 3 km 缩窄为 2 ~ 2.5 km，东坝头以上河段的整治河宽由 1 200 m 减少为 800 ~ 1 000 m，并对河湾要素进行了调整。修订后的规划治导线主要参数如下：

整治河宽：白鹤至花园镇为 800 m，花园镇至高村 1 000 m、高村至孙口 800 m、孙口至陶城铺 600 m。

排洪河槽宽度：不小于 2 000 ~ 2 500 m。

河湾要素：曲率半径，高村以上为 1 400 ~ 7 300 m，高村以下为 1 180 ~ 8 800 m；中心角，高村以上为 7° ~ 112°，高村以下为 16° ~ 128°；直河段长度，高村以上为 802 ~ 9 130 m，高村以下为 1 200 ~ 8 050 m。

(二)控导工程新建和续建

黄河下游高村以上宽河段河道冲淤变化剧烈，主流游荡不定，一旦流势突变，可能造成堤防"冲决"。该河段长度仅占下游的 34%，淤积量却占下游的 50% ~ 60%，河势变化频繁，整治河道、稳定河势的难度很大。20 世纪 70 年代以来，建设了一部分工程，对减少主流游荡范围，减少"横河"和"斜河"的几率起到了一定作用，但是河势变化仍然较大，需要进一步加大河道整治力度，确保防洪安全。小浪底水库建成以后，一定时期内该河段淤积得到遏制，为进一步开展河道整治创造了条件，规划将该河段作为河道整治的重点。根据规划治导线和水沙条件的变化情况，为了控制河势，按照"控导主流，因势利导，以坝护湾，以湾导流"的原则，本次在高村以上河段规划新建续建控导工程 53 处，工程长度 111.4 km。其中新建 7 处，工程长度 34.2 km；续建 46 处，工程长度 77.2 km。

高村以下河段河势已得到基本控制，近十余年在长时间小流量作用下，造成局部河段河势上提下挫，塌滩形成新湾、工程脱溜等不利局面。为了适应新的水沙条件变化，进一步稳定现行流路，本次规划在高村以下河段新建续建控导工程 45 处，工程长度 45.3 km。其中新建 1 处，工程长度 1 km；续建 44 处，工程长度 44.3 km。

综上所述，黄河下游共规划新建续建控导工程 98 处，工程长度

156.7 km(高村以上 111.4 km，占 71%)。其中新建 8 处，工程长度 35.2 km；续建 90 处，工程长度 121.5 km(见表 5-4)。平均按 100 m 一道坝，需修建控导工程坝垛数 1 567 道。

表 5-4　黄河下游控导工程新建、续建规划

河段	岸别	新建		续建		合计	
		处数	工程长度(m)	处数	工程长度(m)	处数	工程长度(m)
郑州铁桥以上	左岸	3	14 500	7	6 100	10	20 600
	右岸	3	14 200	7	12 800	10	27 000
	小计	6	28 700	14	18 900	20	47 600
郑州铁桥—东坝头	左岸			11	23 700	11	23 700
	右岸	1	5 500	11	18 200	12	23 700
	小计	1	5 500	22	41 900	23	47 400
东坝头—高村	左岸			5	10 500	5	10 500
	右岸			5	5 900	5	5 900
	小计			10	16 400	10	16 400
高村—陶城铺	左岸			14	17 200	14	17 200
	右岸			9	8 600	9	8 600
	小计			23	25 800	23	25 800
陶城铺—泺口	左岸			5	5 500	5	5 500
	右岸	1	1 000	3	3 000	4	4 000
	小计	1	1 000	8	8 500	9	9 500
泺口以下	左岸			6	4 300	6	4 300
	右岸			7	5 700	7	5 700
	小计			13	10 000	13	10 000
左岸合计		3	14 500	48	67 300	51	81 800
右岸合计		5	20 700	42	54 200	47	74 900
总计		8	35 200	90	121 500	98	156 700

控导工程顶部高程陶城铺以上河段为整治流量 4 000 m³/s 相应水位加 1 m 超高，陶城铺以下河段比滩面高 0.5 m。坝垛平均稳定冲刷深度陶城铺以上为 12 m，陶城铺以下为 9 m。为了减少出险次数，除继续采用传统的

柳石结构外,规划在控导工程新建、续建结构中增加了少抢险坝的比例,主要是铅丝笼沉排坝和混凝土桩坝等。

柳石结构联坝由土体构成,顶宽 10 m,临背边坡均为 1:2。丁坝由土坝体及裹护体组成,平均坝长 100 m,裹护长度 100 m。土坝体顶宽 15 m,非裹护部分边坡 1:2,裹护部分边坡 1:1.3;裹护体顶宽 1 m,内坡 1:1.3,外坡近期 1:1.5,远期达到 1:2.0。为增强抗冲能力,裹护体材料采用散抛石、铅丝笼及混凝土四脚体。

铅丝笼沉排坝联坝同柳石结构,丁坝由下部铅丝笼沉排及上部坝体两部分组成,沉排与坝体之间利用钢筋混凝土镇墩铰链连接。铅丝笼沉排采用钢筋作框架,用铅丝将铅丝笼相互连接固定于钢筋框架上,形成一个整体,平铺于预挖的基槽内。沉排宽度 30 m(垂直于坝体方向),长 100 m,厚度 1 m。为防止排体下滑,将排体延伸至坝体内 2 m,并用现浇钢筋混凝土镇墩固定于坝体内。镇墩宽 6.6 m,厚 1.0 m。上部坝体为土坝体外围裹护体,与柳石结构相同。

(三)工程加高加固

随着河道的不断淤积抬高,现有控导工程部分顶部高程不能满足设计要求。据统计,下游控导工程 3 887 道坝垛中,高度不足的坝垛 2 000 道左右,占总数的一半以上。

根石是坝垛的基础,它是经水流冲淘坝基及时补充块石等料物形成的。一般来说,根石深度达到 9~12 m,坡度达到 1:1.5 左右较为稳定。目前大多数工程根石深度和坡度不足,不能满足设计要求,遇洪水易垮坝。据根石探测资料统计,在探摸的 5 702 个断面中,坡度不足 1:1.5 的断面有 4 891 个,占探摸总数的 86%;根石深度在 12 m 以下的断面有 5 054 个,占探摸总数的 88%。

为充分发挥现有工程控导河势、保护堤防安全的作用,规划对不满足防洪要求的控导工程进行全面加高、加固,提高工程自身的抗洪能力。

规划近期加高加固控导工程 177 处、坝垛 3 669 道,远期加固控导工程 202 处、坝垛 4 618 道。

三、挖河固堤及"二级悬河"治理

泥沙问题是黄河难以治理的症结所在,有计划地在下游长期开展挖河固堤、放淤固堤、结合引黄供水沉沙淤高背河地面,淤筑相对地下河,是防洪的长远战略部署。

考虑到小浪底水库建成后，陶城铺以下窄河段和河口段仍然可能会继续发生淤积，挖河固堤的重点是陶城铺以下的窄河段及河口段。挖出的泥沙用于加固堤防，淤筑相对地下河。

陶城铺至渔洼河段为河势得到控制的弯曲型河段，沿河两岸多由河道整治工程控制，相邻整治工程间为过渡段，过渡段的河道相对宽浅，水流挟沙能力降低，是主槽淤积的主要部位。选择在过渡段挖河疏浚，有利于增加主槽的排洪能力，增大平滩流量，也有利于减少主槽的淤积。因此，挖沙部位布置在过渡段。规划对陶城铺至渔洼 356 km 河道的过渡段全线进行开挖，开挖河段长 227.615 km。对河口过渡段主槽及拦门沙进行开挖，疏通尾闾，以利向深海输沙。利用挖河泥沙可加固堤防约 320 km。

陶城铺以上河段，"二级悬河"最为发育，其中东坝头至陶城铺河段最为严重。2003 年在该河段彭楼至南小堤实施了"二级悬河"治理试验工程，通过疏浚河槽、淤填堤河及淤堵串沟，明显改变了试验河段"槽高、滩低、堤根洼"的不利局面，深化了对"二级悬河"内在规律的认识。根据目前的认识，"二级悬河"的治理措施主要包括增水减沙、调水调沙、挖河疏浚、引洪放淤(淤填堤河)、截串堵汊以及生产堤处理等。规划在试验工程基础上，结合水库调水调沙及河道整治，通过开挖疏浚主槽及人工扰沙，引洪放淤，淤堵串沟，淤填堤河，标本兼治，逐步治理"二级悬河"。重点实施东坝头至陶城铺河段"二级悬河"治理。

四、东平湖滞洪区

(一)滞洪区工程

1. 围坝

围坝为 1 级堤防，规划顶宽 10 m，超高 2.5 m，临湖边坡 1∶3，背湖边坡 1∶2.5。针对围坝存在的坝身质量差，基础复杂，东坝段有多层古河道穿过，渗透稳定性差等问题，规划对 77.829 km 的围坝全线采用截渗墙进行加固。

考虑到滞蓄汶河来水，对围坝末端解河口至武家漫高度不足值在 0.5 m以上的 7 km 坝段进行加高。考虑围坝临湖侧石护坡破损、高度不足，规划对石护坡破损部分进行翻修加高。对背湖侧靠近村庄坝脚残缺的坝段建设浆砌石护堤固脚。为利于防汛抢险及工程管理，对围坝坝顶及上坝路口进行路面硬化，对坝顶防汛屋进行改建完善。

2. 二级湖堤

二级湖堤为 4 级堤防，规划顶宽 6 m，超高 2 m，边坡 1：2.5。目前，二级湖堤部分堤段高度不足，断面偏小，渗透稳定性差，石护坡老化，规划二级湖堤加高 9.568 km，加固 8 km，石护坡翻修加高 8.60 km，并安排堤顶硬化及防汛屋改建。现已基本完成。

3. 退排水工程及险闸处理

随着黄河河床不断淤积抬高，东平湖退水入黄日趋困难，规划疏通北排和南排通道。以北排入黄为主，相机南排退水经梁济运河入南四湖。主要工程为出湖入黄河道疏浚开挖、兴建庞口防倒灌闸(450 m³/s)、二级湖堤上的八里湾闸改建等。

滞洪区围坝及山口隔堤上有灌、排险闸 8 座，是分洪运用的隐患，需要进行处理，规划拆除 3 座、加固 2 座、改建 3 座。

(二)戴村坝以下河防工程

戴村坝以下大清河河防工程的设防流量为尚流泽站 7 000 m³/s，约相当于 20 年一遇。左堤为 2 级堤防，规划顶宽 8 m，超高 2 m，边坡 1：3；右堤为 4 级堤防，规划顶宽 5 m，超高 1.5 m，边坡 1：2.5。

戴村坝以下大清河两岸河防工程存在的主要问题是，现状堤防有 14.5 km 高度不足，15.0 km 堤顶宽度不足，浸润线背河坡出逸堤段长 14.443 km；险工及控导工程裹护体断面不足。规划堤防加高帮宽 27.8 km，后戗 14.44 km，填塘加固 16 处；加固控导工程 2 处，工程长度 0.75 km；全部改建 4 处险工，工程长度 2.77 km。

(三)滞洪区安全建设

东平湖新老湖区现有人口 33.81 万人(老湖区 12.38 万人，新湖区 21.43 万人)，考虑人口增长因素，规划期内湖区人口将达到 41.26 万人(老湖区 15.11 万人，新湖区 26.15 万人)。安全建设规划采用建村台就地避洪和临时撤退两种方式，其中新湖区全部采用临时撤退方式，老湖区根据具体情况两种方式相结合。

安排老湖区在村台就地避洪 6.53 万人，新、老湖区修建撤退道路临时撤退 34.73 万人(老湖区 8.58 万人，新湖区 26.15 万人)。村台建设标准按人均 60 m²，规划老湖区加高、扩建、新建村台面积 391.56 万 m²。规划修建撤退道路 100 km(3 级沥青路面)，其中新湖区 83 km，老湖区 17 km。

五、滩区安全建设及政策补偿

黄河下游滩区面积 3 956 km²，有村庄 2 071 个，人口 179.3 万人，耕地 374.6 万亩，其中封丘倒灌区有村庄 240 个，人口 20.05 万人，耕地 39.68 万亩。预测下游滩区近期人口为 196.95 万人，远期人口为 213.29 万人。滩区是典型的农业经济，基本无工业。农作物以小麦、大豆、玉米、棉花为主。由于汛期洪水漫滩的影响，秋作物有时种不保收，产量低而不稳，区内群众主要依靠一季夏粮维持全年生活。

下游广大滩区既是行洪排沙的通道，又是滞洪沉沙的场所，然而，滩区内居住有众多的群众，每遇较大洪水，即漫滩受淹，保障滩区人民群众生命财产安全是防洪的一项重要任务。据统计，新中国成立以来，黄河下游滩区较严重的漫滩有 29 次，累计受灾人口 887.2 万人次，淹没耕地 2 560.3 万亩次，倒塌房屋 153.5 万间。洪灾最严重的年份是 1958 年、1976 年、1982 年和 1996 年，东坝头以下低滩区基本全部上水，东坝头以上高滩在"96·8"洪水时也大部分上水。四年中每次受淹耕地 217 万～304 万亩，受淹村庄 1 297～1 708 个，受灾人口 74 万～119 万人，倒塌房屋 29.5 万～40 万间。按目前物价水平分析，累计损失达 250 多亿元。

1974 年国务院[1974]国发 27 号文明确了"从全局出发和长远考虑，黄河滩区应迅速废除生产堤、修筑避水台，实行'一水一麦'一季留足全年口粮"的政策，其后，国家开始有计划地帮助黄河下游滩区修建避水工程。至 1998 年，下游滩区已建村台、避水台、房台等避洪设施 5 277.5 万 m²，撤退道路 620.3 km。滩区安全建设存在的主要问题是，避水设施面积不足，标准低，撤退道路少，安全建设亟待加强。

按照水利部水规计[1994]313 号关于《黄河下游滩区安全建设规划 (1993～2000)》的批复，"黄河下游滩区防洪安全设施，按花园口站 12 370 m³/s，村台超高 1.0 m 的标准设计。防洪安全标准为现状七年一遇，小浪底水利枢纽生效后二十年一遇"。据此，本次规划的滩区安全建设避水工程的防洪标准为防御 20 年一遇洪水，相应花园口站洪峰流量为 12 370 m³/s。

按照国务院移民建镇政策，综合考虑不同河段洪水纵向传播时间的长短、滩区横向漫滩机遇的大小、村庄距离大堤的远近以及漫滩水深的深浅等因素，安全建设采取如下三种方式。

(一)外迁

对距离大堤 1 km 以内的村庄和一些房屋或土地被黄河主流冲塌、失去基本生活条件的"落河村"采取外迁措施，就近安置在大堤外，从根本上解决这部分群众的防洪安全问题。规划外迁村庄 497 个，人口 46.74 万人(近期人口)，按人均房屋 17 m² 建设，需建房面积 794.58 万 m²。

(二)临时撤离

封丘倒灌区由于倒灌受淹的机遇少且洪水预见期较长，采取临时撤离措施，主要修建通往区外的道路及桥梁。临时撤离村庄 240 个，人口 24.71 万人(远期人口)，规划修建撤退道路 200 km，桥梁 3 350 延米，涵洞 63 个。

(三)就地避洪

对滩区其他的村庄修建避水工程进行就地避洪。东坝头以上的高滩区现状基本上未修避水工程，若修建楼房避水，群众建房费用较高，洪水时财产损失较大，且洪水中生存和营救困难。因此，本次规划仍以修建避水村台为主。东坝头以下低滩区群众多年来有建村台的习惯，已建有大量的避水村台，为发挥已修工程的作用，在原有基础上继续采用加高加固村台的办法。规划修建村台就地避洪的村庄共有 1 334 个，人口 137.97 万人(远期人口)，按人均面积 60 m² 标准建设村台，村台总面积应达到 8 278 万 m²，需土方量 3.15 亿 m³。

此外，对就地避洪及临时撤离的村庄，加强预警设施建设。滩区安全建设分河段、分省规划成果见表 5-5。

上述滩区安全建设仅仅是着眼于滩区群众生命财产安全，没有考虑滩区生产问题。黄河下游广大滩区是滞洪沉沙的重要区域，具有滞洪区的性质。考虑到黄河下游滩区现状格局系黄河摆动改道所致，从建设小康社会，促进滩区社会经济发展角度来讲，按照"社会公正、风险公平"，规划建立滩区淹没运用补偿机制，对黄河下游滩区按照国家有关规定，会同有关部门，开展黄河下游滩区淹没运用补偿适用性政策研究。在安全建设达标的同时，逐步废除生产堤。

六、河口治理

河口现行流路为 1976 年改道的清水沟流路，根据《黄河入海流路规划报告》，清水沟流路在考虑尾闾河段有一定摆动范围的条件下，可以行河 30~50 年，经进一步分析，本规划期内仍行河清水沟流路。

表 5-5 滩区安全建设规划

河段	省、市	外迁			就地避洪			临时撤离		
		村庄数(个)	人口(万人)	建房面积(万 m²)	村庄数(个)	人口(万人)	村台面积(万 m²)	村庄数(个)	人口(万人)	撤离道路长度(km)
郑州铁桥以上	焦作市	2	0.9	15.3	47	6.13	368			
	洛阳市				29	1.55	93			
	合计	2	0.9	15.3	76	7.68	461			
郑州铁桥—东坝头	焦作市	2	0.15	2.55	9	1.21	73			
	新乡市	110	11.89	202.13	181	17.39	1 043			
	郑州市	3	0.5	8.5	12	2.34	140			
	开封市	54	6.64	112.88	55	6.04	362			
	合计	169	19.18	326.06	257	26.98	1 619			
东坝头—陶城铺	新乡市				200	26.63	1 598	240	24.71	200
	濮阳市	155	13.34	226.78	200	19.21	1 153			
	开封市	1	0.16	2.72	16	1.72	103			
	河南小计	156	13.5	229.5	416	47.56	2 854	240	24.71	200
	菏泽地区	38	2.61	44.37	163	12.34	740			
	济宁市	13	1.22	20.74	19	1.85	111			
	泰安市	15	1.41	23.97	4	0.46	27			
	山东小计	66	5.24	89.08	186	14.64	878			
	合计	222	18.74	318.58	602	62.2	3 732	240	24.71	200
陶城铺以下	泰安市	13	2.87	48.79	16	1.85	111			
	济南市	34	2.4	40.8	367	37.86	2 272			
	滨州市	30	1.49	25.33	6	0.72	43			
	淄博市	16	0.53	9.01	2	0.14	9			
	东营市	11	0.63	10.71	8	0.53	32			
	合计	104	7.92	134.64	399	41.11	2 466			
河南省合计		327	33.58	570.86	749	82.22	4 933	240	24.71	200
山东省合计		170	13.16	223.72	585	55.75	3 345			
总计		497	46.74	794.58	1 334	137.97	8 278	240	24.71	200

河口段设防流量仍然维持 10 000 m³/s，左岸北大堤为 1 级堤防，右岸南防洪堤为 2 级堤防。规划北大堤超高为 2.1 m，堤顶宽度 10 m，边坡 1∶3；

南防洪堤超高 1.9 m，堤顶宽度 7 m，边坡 1∶3。现状工程存在的主要问题是，北大堤高度不足，断面偏小；险工及控导工程长度短，标准低，河势上提下挫。

规划期内，南防洪堤已满足要求，北大堤堤顶高程及宽度均达不到设计要求，规划对北大堤 49.731 km 全线加高帮宽。为满足防汛抢险需要，规划对北大堤及南防洪堤全部进行堤顶硬化，并在堤防临河侧建设防浪林，防浪林带宽度 30 m。

为避免中常洪水冲决大堤，规划险工续建 3.9 km，加高加固 7.226 km。

为控制河势，规划新建、续建控导工程 7 处，工程长度 11.8 km。同时，在规划期内，需对大部分控导工程进行加高加固，规划加高加固控导工程 11 处，工程长度 23.1 km。

规划阶段后期，由于河口流路过长，影响到泺口以下河道淤积，需改走北汊，缩短河口流路。改走北汊的主要工程措施包括引河开挖及导流堤、截流坝、控导工程修建等。规划引河开挖 9 km，修建导流堤 8.7 km，截流坝 1.95 km，控导工程 2 处 3.4 km。

第二节　水沙调控体系规划

一、调水调沙

调水调沙就是通过干流骨干工程调节水沙过程，改变黄河水沙关系不协调的自然状态，使之适应河道的输沙特性，减少河道淤积，恢复和维持主槽过洪能力。2002 年 7 月 4 日至 15 日、2003 年 9 月 6 日至 18 日和 2004 年 6 月 19 日至 7 月 13 日，利用现有水库工程，分别进行了三次调水调沙试验，取得了较好的效果。

2002 年 7 月 4 日至 15 日，利用小浪底水库非汛期末汛期限制水位以上的蓄水量，并结合三门峡以上发生的小洪水，对小浪底、三门峡两库联合调度，进行了首次调水调沙试验。试验期间小浪底出库水量 26.06 亿 m³(其中水库补水 15.9 亿 m³)，出库沙量 0.319 亿 t，水库平均出库流量 2 741 m³/s，平均出库含沙量为 12.2 kg/m³；花园口站 2 600 m³/s 以上流量持续 10.3 天，试验期间平均含沙量为 13.3 kg/m³；艾山站 2 300 m³/s 以上流量持续 6.7 天，试验期间平均含沙量 21.6 kg/m³；利津站 2 000 m³/s 以上流量持续 9.9

天。7月21日，调水调沙试验流量过程全部入海。试验期间黄河下游河道全程明显冲刷，净冲刷量为0.362亿t(其中艾山以上冲刷0.137亿t，艾山至河口河段冲刷0.225亿t)；下游河道主槽冲刷1.063亿t，滩地淤积0.701亿t。全下游河道平滩流量均有一定程度的增加，其中平滩流量最小的夹河滩至孙口河段增大幅度最大，平均增加300～500 m³/s，夹河滩以上河段增加240～300 m³/s，孙口以下河段增加80～90 m³/s，利津至河口河段平滩流量平均增大约200 m³/s。与此同时，还取得了520多万组测验数据，为研究黄河水沙规律提供了大量的基础资料。

2003年9月6日至18日，受华西秋雨的影响，三门峡以上的渭河、三门峡至花园口区间的伊洛河和沁河相继发生了不同程度的洪水，进行了第二次调水调沙试验。该试验的最大特点是对小浪底、三门峡、陆浑、故县四库水沙联合调度，实现了小浪底水库下泄的浑水与伊、洛、沁河的清水在花园口断面"对接"，形成花园口断面协调的水沙关系。本次试验小浪底入库水量24.27亿m³，出库水量18.25亿m³，下泄沙量0.74亿t，平均出库含沙量40.5 kg/m³。通过与小花间的来水来沙对接，相应花园口站水量27.49亿m³，沙量0.856亿t，平均流量2 390 m³/s，平均含沙量31.1 kg/m³；利津站水量27.19亿m³，沙量1.207亿t，平均流量2 330 m³/s，平均含沙量44.4 kg/m³。该次试验期间，黄河下游全河段基本上都发生了冲刷，达到了下游河道减淤的目的，下游河道总冲刷量0.456亿t，其中高村以上河段冲刷0.258亿t，占下游冲刷总量的57%；艾山—利津河段冲刷0.035亿t，占总冲刷量的8%。下游河道主槽过洪能力增加，试验前后同流量2 000 m³/s时水位降低0.2～0.4 m，流量2 500 m³/s时降低0.1～0.3 m，主槽过洪能力(平滩流量)增幅一般在100～400 m³/s之间。

2004年6月19日至7月13日，开展了第三次调水调沙试验。这是一次更大空间尺度的调水调沙试验，实际历时19天。第三次调水调沙试验主要依靠非汛期末汛期限制水位以上的蓄水，通过精确调度万家寨、三门峡、小浪底等水利枢纽工程，充分而科学地利用自然的力量，在小浪底库区塑造人工异重流，辅以人工扰动措施，调整其淤积形态，同时加大小浪底水库排沙量；利用进入下游河道水流富余的挟沙能力，在黄河下游"二级悬河"及主槽淤积最为严重的河段实施河床泥沙扰动，扩大主槽过洪能力。

第三次调水调沙试验过程可分为两个阶段。第一阶段(6月19日9时至6月29日0时)利用小浪底水库下泄清水，形成下游河道2 600 m³/s的流量过程，冲刷下游河槽。并在徐码头、雷口两处卡口河段实施泥沙人工扰动试验，对卡口河段的主槽加以扩展并调整其河槽形态。同时降低小浪底库水位，为第二阶段冲刷库区淤积三角洲，塑造人工异重流将泥沙排出库创造条件。第二阶段(7月2日12时至7月13日8时)，当小浪底库水位下降至235 m时，实施万家寨、三门峡、小浪底三水库的水沙联合调度。首先加大万家寨水库的下泄流量至1 200 m³/s，在万家寨下泄水量向三门峡库区演进长达1 000 km的过程中，适时调度三门峡水库下泄2 000 m³/s以上的较大流量，实现万家寨、三门峡水库水沙过程的时空对接。利用三门峡水库下泄的人造洪峰强烈冲刷小浪底库区的淤积三角洲，以达到清除占据长期有效库容的设计平衡纵剖面以上淤积的3 850万 m³泥沙，合理调整三角洲淤积形态的目的，并使冲刷后的水流挟带大量的泥沙在小浪底水库库区形成异重流向坝前推进，进一步为人工异重流补充沙源，提供后续动力，实现利用异重流将小浪底水库泥沙排出库区。整个试验过程中，万家寨、三门峡及小浪底水库分别补水2.5亿 m³、4.8亿 m³和39亿 m³，进入下游河道总水量(以花园口断面计)44.6亿 m³。

第三次调水调沙试验效果主要表现在以下四个方面：

(1)小浪底库区淤积三角洲形态得到了合理调整。小浪底库区淤积三角洲冲刷泥沙达1.329亿 m³，设计淤积平衡纵剖面以上淤积的3 850万 m³泥沙尽数冲刷。

(2)卡口河段河槽形态调整扩大。徐码头、雷口两处卡口河段主槽平均冲刷深度为0.25～0.47 m，主槽过流能力达到2 800～2 900 m³/s。

(3)下游河道主槽全程冲刷。经初步计算，小浪底水库出库沙量0.057 2亿 t，利津站输沙量0.643 4亿 t，小浪底至利津河段冲刷0.607 1亿 t，各河段均发生冲刷，主槽过洪能力进一步提高。

(4)世界水利史上首次人工异重流塑造成功，到达坝前并排出小浪底库外。进一步深化了对水库、河道水沙运动规律的认识。

三次调水调沙试验效果十分显著。2002年7月黄河首次调水调沙试验前，黄河下游主槽最小过洪流量只有1 800 m³/s，第三次调水调沙试验后，主槽最小过洪流量已提高到3 000 m³/s，显著扩大了黄河下游主槽过洪能力，充分证明了调水调沙是恢复和维持主槽过洪能力的有效手段。通过持续不断的调水调沙，形成"和谐"的流量、含沙量和泥沙颗粒级配的水沙过程，在河道整治工程控制下，可以逐步塑造并稳定4 000～5 000 m³/s的主槽，减少对黄河堤防安全威胁十分严重的"横河"和"斜河"形成机遇，并减轻滩地淹没损失。

通过三次不同模式的调水调沙试验，取得了宝贵经验，现已具备由试验阶段全面转入生产运用的条件。今后要把调水调沙作为维持黄河健康生命的一项战略措施，以小浪底、三门峡、陆浑、故县等现有水库为基础，不断完善水沙调控体系，针对不同的来水来沙条件、水库蓄水淤积及下游河道淤积情况，按照三种调水调沙模式采取相应措施付诸生产，长期坚持不懈地实施水库调水调沙，减轻水库及下游河道淤积，塑造并维持黄河下游中水河槽，以逐步实现维持黄河健康生命的终极目标。

二、水沙调控体系建设

根据黄河防洪减淤的需要和防洪减淤体系的总体布局，在黄河干流河段规划修建古贤、碛口水库，继续深化黑山峡河段工程的前期论证；在支流沁河上修建河口村水库，与现有干支流水库联合运用，作为上拦工程及水沙调控体系的重要组成部分。根据目前的研究成果，在本规划期内，规划近期建成沁河河口村水库，减轻沁河下游的洪水威胁，并对黄河下游起到错峰调节作用，提高调水调沙效果；适时建设干流古贤水库，拦沙、调水调沙，并为小北干流放淤创造条件，进一步减缓黄河下游河道的淤积。

(一)古贤水利枢纽

从水库拦沙，调水调沙，为小北干流放淤塑造有利水沙过程看，急需兴建古贤水利枢纽。黄河第三次调水调沙试验的主要目的是实现黄河下游主槽全线冲刷，进一步恢复下游河道主槽的过流能力；调整黄河下游两处卡口段的河槽形态，增大过洪能力；调整小浪底库区的淤积形态；进一步探索研究黄河水库、河道水沙的运动规律。这些目标的实现仅靠小浪底水库单库运行是无法实现的，只有借助水库群的整体合力，才能实现，从而充分证明了尽快建立完善的水沙调控体系的重要性。该次试验发现，虽然三门峡、万家寨水库参与了联合调度，但也明显暴露出这两座水库的缺陷：一是两座水库的库容偏小，蓄水量十分有限，作为小浪底水库人工异重流的持续稳定的后续动力明显不足，若有更大的后续动力，就会有更多的泥沙从小浪底库区排出，输沙入海；二是万家寨水库距三门峡水库太远(相距近1 000 km)，联合精确调度难度较大。这说明仅靠万家寨、三门峡水库还难以满足为水库联合调水调沙增加后续动力的要求。因此，若能在三门峡水库以上较近的北干流下段尽快修建具有较大调节库容的古贤水库(在三门峡水库上游 320 km)，与三门峡、小浪底等水库联合运用，由古贤水库提供充足的水量及后续动力，则能更好地发挥水库群的调水调沙作用。

规划的古贤水库位于黄河北干流河段下段，上距碛口坝址 235.4 km，下距壶口瀑布 10.1 km，左岸为山西省吉县，右岸为陕西省宜川县，控制流域面积 49 万 km²。坝址处多年平均天然年径流量为 381.37 亿 m³，设计入库年平均径流量为 226.31 亿 m³。设计水平年古贤坝址的年平均输沙量为 9.38 亿 t。

初步研究，古贤水利枢纽正常蓄水位 640 m，校核洪水位 640.44 m，总库容 153 亿 m³，拦沙库容 104.5 亿 m³，长期有效库容 48.5 亿 m³，防洪库容 35 亿 m³，电站装机容量 256 万 kW。枢纽的开发任务以防洪减淤为主，综合利用。

古贤水库为大(1)型水利枢纽，坝型为混凝土面板堆石坝，最大坝高 186 m，坝顶长度 1 110 m。防洪标准按 1 000 年一遇洪水设计，10 000 年一遇洪水校核。设计洪水洪峰流量为 39 040 m³/s，12 日洪量为 92.7 亿 m³；校核洪水洪峰流量为 50 150 m³/s，12 日洪量为 112.2 亿 m³。

古贤水库可以拦沙约 138 亿 t，可减少黄河下游河道淤积量 77 亿 t，相当不淤年数 21 年。可减少小北干流河道淤积量 54 亿 t，相当不淤年数 52 年，可降低潼关高程 1.5～2 m。可与已建水库联合调水调沙运用，实现 1+1>2 的减淤效果，充分发挥整个水沙调控体系的减淤作用。与小北干流放淤结合，可塑造有利于小北干流放淤的水沙条件，充分发挥小北干流放淤的作用。

古贤水库对三门峡和小北干流河段具有直接的防洪作用。可将潼关断面 100 年一遇、1 000 年一遇和 10 000 年一遇的洪峰流量分别由现状的 27 820 m³/s、39 040 m³/s 和 50 150 m³/s 削减为 10 620 m³/s、11 570 m³/s 和 12 430 m³/s。从而减少三门峡水库的滞洪量，减少对渭河顶托倒灌的影响，减轻三门峡库区常遇洪水的淹没损失。

水库淹没影响总人口 31 790 人，淹没影响耕地面积 44 550 亩。

(二)河口村水库

沁河发源于山西省沁源县霍山南麓的二郎神沟，流经山西、河南两省，于武陟县方陵村汇入黄河。沁河是黄河小花间三大支流之一，河道全长 485 km，流域面积 13 532 km²，占黄河小花间流域面积的 37.7%，是黄河小花间洪水的主要来源区之一。

规划的河口村水库位于沁河最后一段峡谷出口五龙口以上约 9 km 处，属河南省济源县。控制流域面积 9 223 km²，占沁河流域面积的 68.2%，占黄河小花间流域面积的 25.7%。

根据五龙口站 1956～2000 年实测资料，多年平均实测径流量为 9.5 亿 m³，平均天然年径流量为 10.9 亿 m³。沁河泥沙较少，五龙口站多年平均输沙量 518 万 t，主要集中在汛期，非汛期基本上是清水。

河口村水库正常蓄水位 283 m，校核洪水位 286.97 m，总库容 3.47 亿 m³，长期有效防洪库容 2.39 亿 m³，电站装机 2 万 kW。河口村水库的开发任务是以防洪为主，兼顾供水、灌溉、发电、改善生态，并为黄河干流调水调沙创造条件。由于库容较小，首先满足防洪减淤要求，水库凑泄控制下游流量，防洪运用小董站不大于 4 000 m³/s，结合黄河防洪，当黄河下游防洪需要时蓄洪错峰；和小浪底等水库联合调水调沙运用，实现小浪底水库下泄水流和伊洛沁河来水在花园口"对接"，减少黄河下游河道淤积。

河口村水库修建后，与三门峡、小浪底、陆浑、故县水库联合运用，当预报花园口洪峰大于 12 000 m³/s 时，河口村水库蓄洪错峰，可减少黄河下游 10 000 m³/s 以上的洪量 0.5 亿～2.3 亿 m³，削减花园口洪峰 1 000 m³/s 左右，进一步减轻黄河下游的防洪压力。对沁河下游，可将小董站 100 年一遇洪峰流量由 7 110 m³/s 削减到 4 000 m³/s，设防流量的重现期由 25 年一遇提高到 100 年一遇，大大减轻沁河下游的洪水威胁。同时，沁河来水含沙量较低，利用水库蓄水与小浪底等水库联合调水调沙运用，可以减轻下游河道的淤积。

河口村水库拦河坝采用混凝土面板堆石坝，最大坝高 156.5 m，坝顶长度 465 m。水库淹没范围内交通闭塞，人口分散稀少，无集镇、矿藏和文化古迹。

(三)三门峡、故县水利枢纽

三门峡、故县水利枢纽是黄河下游水沙调控体系的重要工程，两枢纽工程存在不同程度的病害，需要进行处理。

三门峡水利枢纽工程已经运行 40 多年,由于工程改建后泄流排沙任务加大，长期超负荷运行，存在泄洪排沙建筑物老化、磨蚀、锈蚀及混凝土碳化，大坝下游左右岸潜在滑坡及隧洞出口山体崩塌，导墙出口张公岛基岩冲刷，大坝排水系统堵塞失效，以及坝顶门机部分机件老化等问题。为了保证水库的正常运行，规划对上述问题进行处理。

故县水利枢纽工程存在着枢纽泄洪影响两岸山体岸坡稳定、对外交通道路损坏、上坝和进厂公路边坡不稳定等问题。规划采取岸坡稳定处理、对外交通道路改建、上坝和进厂公路边坡处理等措施。

第三节　小北干流放淤规划意见

一、小北干流放淤的战略地位及放淤目标

黄河防洪的严峻性在于大量的泥沙淤积下游河道，使下游河道成为举世闻名的"地上悬河"，而且仍在继续淤积抬高。1950～1998 年下游河道共淤积泥沙 92 亿 t，与 20 世纪 50 年代相比，河床普遍抬高了 2～4 m，高出背河地面 4～6 m，局部河段高出 10 m 以上。1996 年 8 月，花园口站洪峰流量 7 600 m³/s，其水位比 1958 年的 22 300 m³/s 大洪水还高 0.91 m。尤其是近年来主槽淤积严重，"二级悬河"加剧，防洪形势严峻。

小浪底水库是黄河防洪减淤体系的重大战略工程，拦沙库容 76 亿 m³，可拦沙 100 亿 t，减少下游河道淤积 76 亿 t，相当于黄河下游河道 20 年的淤积量。要长期坚持实施水土保持，争取最大限度地减少入黄泥沙。而小浪底水库的拦沙减淤寿命极其有限，15～20 年内拦沙库容就将淤满，下游河道很快又将陷入大幅度淤积抬高的被动局面，下游堤防现已非常高仰，继续加高堤防终非上策，也不允许一直加高下去。因此，泥沙是黄河难治的症结所在，除控制洪水外，更重要的是，要妥善处理和利用泥沙，这是一项长期而艰巨的任务。

总结多年来的治黄实践经验，处理和利用泥沙的基本思路是"拦、排、放、调、挖"，综合治理。"放"主要是在中下游两岸利用有利地势引洪放淤处理和利用一部分泥沙。以往在黄河中下游规划过几处放淤地区，有黄河下游背河地区(原阳—封丘、东明、台前)，温孟滩区，以及小北干流两岸滩地，共计 5 处。黄河下游前 3 处背河放淤区占用面积较大，但放淤厚度较薄，放淤量有限，且居住群众较多，经济社会发展较快，已不具备放淤条件；温孟滩区上段近年已改为小浪底库区移民安置区，放淤难度较大。小北干流(禹门口至潼关河段)两岸滩区面积广大、经济社会发展相对落后，是实施大规模放淤堆沙的理想场地。小北干流正处于晋陕峡谷的出

口至潼关之间，来沙颗粒相对较粗，地理位置极其优越，实施放淤不仅可以减缓下游河道淤积，还可以减轻小浪底、三门峡水库淤积，延长水库寿命。根据分析，若采取有坝放淤措施，335 m 高程以上滩地可放淤粗泥沙 100 亿 t 左右，相当于小浪底水库的拦沙量，对减缓黄河下游河道淤积抬高、对延长小浪底水库拦沙寿命、降低潼关高程十分有利，是处理泥沙的一项重大战略措施。

从黄河下游河床质淤积物组成来看，粒径大于 0.05 mm 的粗颗粒泥沙约占 80%，粒径大于 0.025 mm 的中粗颗粒泥沙占 90% 以上；而高村以上河段粒径大于 0.05 mm 的粗颗粒泥沙超过 90%，该河段是黄河下游冲淤变化剧烈、治理难度最大的游荡性河段。可以看出，粒径大于 0.05 mm 的粗颗粒泥沙是黄河下游河道淤积物的主体。三次调水调沙试验表明，通过塑造人工异重流，可以将细颗粒泥沙排出水库并入海。因此，小北干流放淤的目标是"淤粗排细"，尽可能多地放淤 0.05 mm 以上的粗颗粒泥沙。

二、小北干流放淤规划意见

黄河小北干流河道长度 132.5 km，在以往历次放淤规划中，均将该河段作为有效处理泥沙的放淤堆沙场地。目前两岸滩区面积 600 多 km²，耕地 60 多万亩，沼泽、沙荒地约 30 万亩，居住人口约 8 万人，主要集中在朝邑滩的中下部，以及连伯滩、永济滩、新民滩等大滩靠近高岸的边缘部位，经济社会发展相对落后。因此，应抓住小北干流滩区堆沙容积大和当前经济社会发展相对落后的有利时机，不失时机地开展小北干流放淤。

按照全面规划、近远结合、分期实施的原则，实施小北干流放淤。考虑到黄河处理泥沙的紧迫性和长期性，规划近期在小北干流河道两岸修建放淤闸、围格堤、退水闸等工程，实施无坝自流引洪放淤，尽快发挥放淤效益，同时为将来实施有坝大放淤方案积累经验，探讨解决有坝大放淤的重要技术问题。小北干流适宜无坝放淤的滩地面积 200 多 km²，放淤量约 10 亿 t。

小北干流放淤的核心是淤积粗沙，有很多重大技术问题需要解决，如怎样多引粗沙，怎样分选泥沙使进入淤区的粗沙比例更大，如何多淤粗沙等。为此，2004 年在连伯滩开展了放淤试验，试验工程于 7 月上旬建成，7 月 26 日～8 月 26 日先后进行了六轮原型放淤试验，放淤净历时近 300 小时。据初步估算，六轮试验总引水量约 6 670 万 m³，引沙量约 600 万 t，总放淤量约 440 万 t。根据原型试验，初步可以得出如下结论：

(1)随着对调度方案不断跟踪修正，淤区淤积物中大于 0.05 mm 的粗沙比例与进入淤区的粗沙比例相比不断提高，最后一轮提高了 20%左右。

(2)弯道环流对泥沙分选具有很大作用，当弯道半径为水面宽的 4 倍时，经弯道分选后可使粗沙比例提高 3%~5%。

(3)在黄河小北干流放淤，输沙渠采用 1/2 500 左右的纵比降可以满足输送高低不同含沙量的要求。

规划继续开展放淤试验，加大放淤试验力度，不断总结经验，逐步推广，按照淤粗排细、尽量多淤粗沙的目标，近期完成无坝自流放淤。远期规划在禹门口河段修建水利枢纽壅高水位，两岸各修建一条输沙干渠，自上而下逐步修建放淤闸、围格堤、退水闸等工程，实施有坝放淤。考虑到禹门口水利枢纽库容较小，主要起壅高水位的作用，水沙调控能力较弱，必须修建库容较大的古贤水利枢纽，利用古贤水库人工塑造高含沙洪水，禹门口水利枢纽作为反调节水库，才能更为有效地实施有坝放淤。尽可能延长小浪底水库拦沙年限，减轻黄河下游河道淤积，降低潼关高程。

当前应加快有坝放淤规划工作步伐，尽早开展项目建议书、可行性研究等前期工作，尽快建设古贤水库和禹门口水利枢纽。

第六章　上中游干流、主要支流及城市防洪规划

第一节　上中游干流防洪规划

一、宁夏、内蒙古河段

黄河宁夏、内蒙古河段(以下简称宁蒙河段)自宁夏回族自治区的中卫县南长滩至内蒙古自治区的蒲滩拐，全长 1 062.7 km，扣除山区、峡谷型河道 98.7 km 和青铜峡、三盛公库区 94.5 km，平原型河道长 869.5 km。目前该河段两岸有耕地 1 175 万亩，人口 355.5 万人，是宁夏回族自治区和内蒙古自治区的主要粮食基地，有公(铁)路、桥梁等重要的交通设施及工矿企业，社会经济地位十分重要。新中国成立前，宁蒙河段防洪工程残缺不全，洪、凌灾害频繁。新中国成立后，国家和地方政府对宁蒙河段的防洪、防凌问题十分重视，先后在该河段修建堤防 1 419.15 km，河道整治工程 113.81 km。由于自 1986 年以来水沙特点发生了明显变化，原来冲淤基本平衡的河段转变为持续性淤积，为此现有堤防和河道整治工程标准低，防洪工程体系不完善，洪、凌灾害仍时有发生，加快防洪工程建设十分必要。

(一)堤防工程规划

按堤防保护范围内的社会经济情况和保护对象的重要性，下河沿—三盛公河段，左岸防洪标准为 20 年一遇，右岸为 20 年一遇，堤防工程级别均为 4 级；三盛公—蒲滩拐河段，左岸防洪标准为 50 年一遇，堤防级别为 2 级，右岸为 30 年一遇，其中达拉特旗电厂附近 67.74 km 堤防级别为 2 级，其余堤段为 3 级。

下河沿—仁存渡堤防设计超高为 1.6 m，仁存渡—石嘴山 1.8 m，石嘴山—三盛公 1.9 m，三盛公—蒲滩拐左岸 2.1 m，右岸除电厂附近 2.1 m 外，其余堤段 2.0 m。

规划新建堤防 112.74 km，加高帮宽堤防 1 393.39 km。选用后戗、填塘固基等措施对堤防进行加固，其中后戗加固长 748.18 km，对石嘴山以

下现状堤防两侧的低洼地带进行填塘固基。

规划将石嘴山以上河段 63 条大的入黄山洪沟和排水干沟的堤防自入黄汇口沿沟道两侧上延，上延长度 310.51 km；对石嘴山以下河段 18 条支流入黄汇口的堤防加高，长度 68 km，并新建河套灌区总排干沟入黄挡黄闸，扩建大黑河入黄挡黄闸，新建水泉、朝凯沟入黄交叉工程。入黄山洪沟及排水干沟的上延堤防，其级别较所在干流堤防级别低一级。

规划对现有 1 266 座穿堤建筑物进行统一合并、改建和新建，使穿堤建筑物减少到 629 座，其中新建 119 座，改建 248 座，扩建 262 座。对其他小型建筑物均进行封堵，以消除堤防隐患。

(二)河道整治

根据黄河下游河道治理经验，宁蒙河段采用微弯型整治，整治流量为青铜峡以上河段 2 500 m³/s，青铜峡以下 2 000～2 200 m³/s，治导线宽度 300～750 m，排洪河槽宽 600～2 250 m。规划河道整治工程 253 处(险工 54 处，控导工程 199 处)，工程总长度 559.28 km(占整治河长的 64%)，坝垛 6 934 道。其中新建 498.46 km，坝垛 6 180 道；现状工程直接利用长 41.14 km，坝垛 510 道；加固现有工程 19.68 km，坝垛 244 道。

考虑受水流冲刷，出险几率大，规划险工顶部高程与堤防顶部高程相同；控导工程顶部高程为设计整治流量相应水位加 1.0 m 超高，当滩面高于计算值时，工程顶部高程与滩面平。河道整治工程稳定冲刷深度按半经验半理论方法确定，其中仁存渡以上 9.0 m，仁存渡—三湖河口 14.0 m，三湖河口—蒲滩拐 16.0 m。

(三)防凌措施

由于宁蒙河段处于黄河"几"字型的弯顶部位，纬度较高，除伏秋大汛洪水威胁严重外，冰凌洪水灾害也时有发生，防凌任务较重。规划防凌措施主要有两个：一是加强刘家峡、龙羊峡水库的防凌调度；二是适时修建海勃湾水库工程，研究论证黑山峡河段工程开发方案，进一步减轻宁蒙河段的防凌负担。

实践证明，凌汛期加强龙羊峡、刘家峡水库调度对防御宁蒙河段的冰凌洪水灾害具有重要作用。主要作用体现在两个方面：一是为了防凌要求，在凌汛季节控制下泄流量，可以避免或减轻冰凌灾害；二是由于水库蓄水，使下泄水温升高，从而减轻或避免部分河段的冰冻程度。宁蒙河段凌汛期主要靠刘家峡水库调节河道泄量。通过对宁蒙河道凌汛期泄量分析，封河期和稳定封冻期河道安全泄量约为 700 m³/s，开河期适当减少下泄流量，以此拟定刘家峡水库的控制运用方案为：封河期与稳定封冻期控制刘家峡水库下泄约 700 m³/s，开河期控制下泄 450～500 m³/s。龙羊峡、刘家峡水库联合运用计算分析表明，在封河期和稳定封冻期龙羊峡水库基本不增加刘家峡水库负担，在开河期龙羊峡水库增加了刘家峡水库的防凌库容约 6.5 亿 m³，因此刘家峡水库在凌汛前需腾出一部分防凌库容，若还不能满足防凌要求，必须限制龙羊峡发电下泄流量，为防凌服务。

(四)滩区安全建设

黄河石嘴山以下河段由于主流摆动，使得防洪大堤退修多次，致使部分人至今还居住在河滩地上，每年开河、封河及洪汛期间都不同程度受到威胁，生命财产无法保障。本次规划采用单退方案，即人退、耕地不退，村庄居民全部搬迁到大堤以外背河侧，建立移民新村免受洪、凌灾害。规划沿河搬迁 4 545 户，人口 19 113 人。

二、禹门口至潼关河段

禹门口至潼关河段(以下简称禹潼河段)处于黄河中游，由龙门向南至潼关，全长 132.5 km，为秦、晋两省的天然界河。黄河出龙门后，骤然放宽，河槽由 100 m 的峡谷展宽为 4 km 以上，至潼关后急向东折，收缩为 1 km。该河段属游荡型河道，河道宽浅，水流散乱，主流游荡不定，历史上素有"三十年河东，三十年河西"之说。该河段剧烈的河势变化经常引起主流坐弯淘刷，滩岸坍塌，致使高岸居民一再搬迁，机电灌站脱流严重。为控制塌岸发展，目前两岸已修河道治理工程 31 处，长 127.616 km，其中左岸 19 处，长 74.055 km，右岸 12 处，长 53.561 km。由于已建工程长度短，河势不能得到有效控制，塌岸现象依然十分严重；同时泥沙不断淤积导致工程设防标准普遍降低，工程基础浅、断面单薄，许多工程汛期多次出现垮坝等重大险情。

本次规划仍采用 1990 年国务院批准的治导控制线。根据近年来的河势变化情况，规划新建续建工程 21 处，工程长度 55.727 km，其中控导工程 42.207 km，护岸工程 13.520 km。规划加高加固现状工程 26 处、长 104.694 km。

护岸工程设防标准为20年一遇，控导工程原则上按当地平滩流量 4 000 m³/s (对有保护重要设施作用的可以适当提高到 5 年一遇标准)设计。控导、护岸工程的顶部高程均按设防流量相应的水位加 1.0 m 超高确定。平均稳定冲刷深度为 12 m。

三、潼关至三门峡大坝河段

黄河潼关至三门峡大坝河段(以下简称潼三河段)河道长 113.5 km，位于陕、晋、豫三省交界处。该段河道两岸土质结构松散，受水流、波浪的冲击、淘刷，塌村、塌地、塌扬水站等现象经常发生，严重威胁沿岸群众(大部分为建库时的移民)的生命财产安全。目前两岸已修各类护岸工程 41 处,长 64.2 km。由于库区上段主流游荡多变，中下段护岸工程长度短，目前塌岸、塌滩现象仍十分剧烈，因此继续加强对潼三河段的治理十分必要。

根据库区特点，在河道特性明显的上段(30 断面以上)进行河道整治；在中下段(30 断面以下)按就岸维护的原则，修建防冲防浪工程，其中中段重点布置防冲工程，下段重点布设防浪工程，对下部受汛期水流顶冲、上部受非汛期蓄水风浪淘刷的地段布设双防工程。

(一)河道整治工程

1998 年 4 月黄河水利委员会勘测规划设计研究院编制的《黄河三门峡库区(潼三河段)近期治理可行性研究报告》，对库区上段的整治参数及规划治导线进行了分析论证，并通过了水规总院的审查。通过对河道冲淤变化、近期河势变化的分析看，本次规划对整治参数不作较大的调整，除个别河湾要素指标调整外，其余仍采用原成果。规划整治流量为 5 000 m³/s，整治河宽自上而下为 1 000～700 m。规划续建工程 8 处(左岸 4 处，右岸 4 处)，续建长度 25.100 km(左岸 12.450 km，右岸 12.650 km)。对达不到设计标准的现状工程，规划加高加固 7 处，工程长度 18.621 km。其中左岸 3 处，长 9.814 km；右岸 4 处，长 8.807 km。

控导工程的建设标准原则上为整治流量 5 000 m³/s，紧靠高岸的护岸及联坝按 20 年一遇洪水标准设计。工程顶部高程为设计水位加 1 m 超高。丁坝的设计冲刷深度为 14 m，护岸冲刷深度为 11 m。

(二)防冲防浪工程

规划中下段新建、续建防冲防浪工程 29 处，工程长度 51.261 km。其中防冲工程 5 处,工程长度 8.700 km;防浪工程 10 处,工程长度 11.790 km；双防工程 14 处，工程长度 30.771 km。规划现状工程加高加固 13 处，工程长度 17.303 km(左岸 10.402 km，右岸 6.901 km)。

防冲工程一律采用护岸型式，顶部高程为 5 000 m³/s 水位加 1 m 超高，如顶部高程低于滩面，取与滩面平，平均冲刷深度为 11 m。防浪工程顶部高程取水库最高防凌运用水位 326 m，不考虑超高。

(三)控制潼关高程的措施

三门峡水库建成运用后，潼关高程(1 000 m³/s 相应水位)急剧升高，导致渭河下游淤积速度加快，经对三门峡泄洪设施的两次改建和改变运用方式，使潼关高程曾由 328.6 m 左右回降至 326.4 m 左右，这种情况从 1973 年开始维持到 1985 年。1986 年后，由于黄河和支流渭河来水来沙条件也发生了较大变化等原因，潼关高程又逐步升高至 328 m。

影响潼关高程的因素十分复杂，建库初期以三门峡水库运用方式影响为主，1973 年以后黄河和渭河的来水来沙影响为主，因此降低或控制潼关高程需要采取多种措施相互配合，综合治理，才能取得显著的效果。近年来采取的主要措施有：一是 2002～2003 年度和 2003～2004 年度，非汛期三门峡水库的运用严格控制坝前最高水位在 318 m 以下，整个非汛期平均水位为 315.59 m；汛期入库流量大于 1 500 m³/s 时敞泄。二是 2003 年实施了三门峡库区大禹渡—稠桑河段裁弯，通过对大禹渡—稠桑河段的"Ω"型河湾实施裁弯取直，使 2003 年洪水期该河段的河长缩短了 9 km，裁弯工程附近河段冲刷 2 m 以上，并带来裁弯以上局部河段的溯源冲刷。三是 1996～2003 年在潼关河段实施清淤疏浚，对疏通入黄流路，理顺河势，改善潼关河段的行洪输沙条件，促进水流冲刷具有一定作用。四是 2004 年汛期在小北干流左岸滩区进行了放淤试验，目前试验尚未结束。

近期为控制并力争降低潼关高程，应继续实施控制三门峡水库运用水位、潼关河段清淤、稳定裁弯流路、在潼关以上的小北干流河段进行有计划的放淤，同时实施渭河口流路整治，研究北洛河下游改道直接入黄工程。

远期通过古贤等水库拦沙和调水调沙，南水北调西线工程等调水工程增加水量，降低潼关高程。根据目前的研究成果，古贤水库修建后，可利用水库拦沙减少禹潼河段的河道淤积量 54 亿 t，相当于该河段 52 年的淤积量，使潼关高程降低 2 m 左右，水库调水调沙运用，可以起到长期控制潼关高程的作用。

四、青海、甘肃河段

(一)青海贵德至民和河段

贵德—民和河段全长 276 km，落差 865 m，河道平均比降 3.13‰，河宽 300 余 m(循化县附近)。其中贵德、尖扎、甘循、官亭河谷等盆地人口集中，光热资源丰富，土壤肥沃，灌溉历史悠久，是青海省重要的粮食、果蔬生产基地，也是今后全省东部经济区重点开发地段之一。本河段现有防洪护岸工程 11 处，总长 37.89 km。现状工程长度不足，川地仍坍塌不断，因此加快防洪工程建设十分必要。

该河段规划的主要工程措施有护岸工程和电灌站防洪墙两种，工程总长度为 117.95 km，其中新建护岸工程 34 处，长 59.34 km；加固护岸工程 7 处，长 25.43 km；利用原有护岸工程 29.68 km；加固沿岸 111 座电灌站防洪墙 3.5 km。

护岸工程标准按防御 20 年一遇洪水，设计洪峰流量为贵德盆地 4 200 m³/s，工程超高为 0.5 m，根石冲刷深度取 1.5～2 m。

(二)甘肃桑园峡至黑山峡河段

桑园峡—黑山峡河段全长 284 km，平均比降 8.1‰，其中峡谷段长 120 km，峡间的川(盆)地段长 164 km。本河段沿河两岸的开阔川(盆)地人口密集，土地肥沃，农业生产发达，是甘肃省中北部经济的精华地区。现有护岸工程 231.28 km，为当地政府和群众自筹资金或群众投劳所建，标准低，质量差，水流淘刷毁坏严重。

本次规划修建护岸工程，防洪标准为 10 年一遇，设计洪峰流量为 5 600 m³/s。规划新建 31.66 km，加固 216.88 km。

第二节　主要支流防洪规划

一、支流概况及规划原则

黄河支流众多，但多为流域面积不大、源短流急的中小河流。黄河支流中流域面积大于 1 000 km² 的一级支流有 76 条；流域面积大于 10 000 km² 或年径流量大于 10 亿 m³ 或年输沙量大于 1 亿 t 的主要支流有 14 条，分别是白河、黑河、洮河、湟水、祖厉河、清水河、大黑河、窟野河、无定河、汾河、渭河、伊洛河、沁河、大汶河，其流域面积之和约占全黄河流域面积的 50%，年径流量之和占全河的 60% 以上，年输沙量之和占全河的 70% 以上。黄河支流大体上分为两种类型，一种是水少沙少的河流，如洮河、湟水、伊洛河等；另一种主要是来自黄土高原地区水少沙多的河流，如渭河、无定河、汾河等，部分支流淤积严重。

本次支流防洪规划范围主要考虑部分防洪任务较重、洪灾损失较大的河流，包括沁河、渭河、汾河、伊洛河、大汶河等 33 条支流的 38 个河段。

根据各支流的自然特点、灾害形式和保护对象的重要性，治理原则为：对于河道较宽、洪水灾害以决溢为主、保护区面积较大和人口较为密集的平原河段，规划以堤防建设为主、修建护岸为辅，同时对河势变化较大的河段进行险工及控导工程建设。对于河道较窄、洪水灾害主要是塌岸、保护对象多为河谷川地及沿岸村镇的山区峡谷型河段，原则上以修建护岸工程为主进行防护，严格控制新建堤防，避免与水争地，保持行洪通畅。

二、重点支流防洪规划

(一)沁河下游

沁河发源于山西省沁源县二郎神沟，流经山西省的沁源、安泽、沁水、泽州县，穿太行山经河南省济源、沁阳、博爱、温县、武陟等 5 县(市)，于武陟县的方陵汇入黄河，干流全长 485 km，流域面积 1.35 万 km²。五龙口以下为沁河下游，河道长 90 km。

历史上沁河下游决溢灾害频繁，经济损失巨大，尤其是丹河口以下左堤决口，洪水淹没部分华北平原，给国家带来灾难性损失。由于沁河堤防失事影响严重，沁河下游自明代以来一直由国家直接治理与管理。两岸现有堤防 161.626 km，其中左岸 76.285 km，右岸 85.341 km；险工 48 处，坝垛 763 道。由于堤防及险工断面不满足设计标准，质量差，隐患多，因此亟待加强防洪工程建设。

1. 防洪标准及总体布局

沁河下游左岸丹河口以下堤防(长 59.02 km)防洪保护区面积 1 379.4 km²，区内有人口 166.04 万人，耕地 100.66 万亩，有京广铁路等重要设施，并含新乡市区，防洪标准为 100 年一遇；丹河口以上左岸堤防(长 17.265 km)保护区内有人口 4.39 万人，耕地 2.13 万亩，以及一些桥梁，防洪标准为 25 年一遇。右岸堤防(长 85.341 km)防洪保护范围 736.6 km²，人口 54.98 万人，耕地 51.66 万亩，有沁阳县城以及省级文物妙乐寺塔等，防洪标准为 50 年一遇。左堤丹河口以下为 1 级，丹河口以上为 4 级；右岸堤防为 2 级。

沁河下游防洪工程体系由规划中的河口村水库和现有堤防、险工组成。河口村水库建成前，堤防、险工的设防流量为小董站 4 000 m³/s，重现期 25 年；河口村水库建成后,沁河下游设防流量的重现期将达到 200 年。

2. 堤防工程

堤顶高程为设防水位加超高确定。左堤丹河口以上堤段设计超高为 1 m，丹河口至老龙湾 2 m，老龙湾以下 3 m；右岸堤防为 1.5 m。左岸老龙湾以下堤段属黄沁并溢堤段，并保护京广铁路安全，规划堤顶宽度为 12 m，丹河口至老龙湾堤顶宽度为 10 m，丹河口以上顶宽 6 m；右岸堤顶宽度为 8 m。左岸丹河口以上堤防临河边坡取 1：2.5，背河边坡取 1：3.0，其余堤段临背河堤坡均取 1：3.0。

本次规划加高帮宽长 57.791 km，其中加高堤段长 4.62 km。规划加固堤段长 101.479 km，其中放淤固堤长 59.479 km(左岸丹河口以下 55.825 km，右岸沁阳市附近 3.654 km)，后戗加固右岸浸润线出逸堤段长 42 km。淤区顶部高程与设防水位平，边坡为 1：3。淤区宽度，左岸老龙湾以下为 100 m，其余堤段为 50 m。后戗顶部高程压浸润线出逸点 1.5 m，戗顶宽度 6 m，边坡 1：5。

除上述加固措施外，规划对 1、2 级堤防进行压力灌浆，并安排堤顶硬化，长度 144.361 km。同时，对现状 36 座引水涵闸、33 座涵管和提灌(排)站中不满足防洪要求的 13 座穿堤砖闸进行改建。涵闸设计防洪水位为小董站流量 4 000 m³/s 相应水位，校核洪水位为设计防洪水位加 1.5 m。

3. 河道整治

为适应河势变化，防止主流冲毁大堤，根据近年来主流线变化情况及各处险工的具体情况，对现有 48 处险工中的 17 处进行续建，续建长度 10.25 km。对现状险工中达不到标准的 729 道坝、垛、护岸，规划进行改建加固，坝顶高程低于设计堤顶高程 0.2 m。同时，为控制河势变化，适时修建控导工程，开展河道整治。

(二)渭河下游

渭河发源于甘肃省渭源县，由西向东流经甘肃、陕西于潼关汇入黄河，全长 818 km，流域面积 13.5 万 km²，为黄河第一大支流。渭河咸阳铁桥至入黄口为渭河下游，河道长 208 km。北岸有支流泾河、石川河和北洛河，是渭河水沙主要来源区之一；南岸支流自西向东主要有沣河、灞河、白龙涧河等 16 条，均源于秦岭山区，河源短直，坡度大，沙较少。

三门峡建库前，渭河下游属微淤性河道。三门峡水库运用初期，由于库区淤积迅速发展，潼关高程急剧升高，加剧了渭河下游淤积，洪水位升高。1973 年至 1985 年，随着三门峡水库泄洪设施的两次改建和运用方式的改变，潼关高程回落，渭河下游淤积缓和。1986 年以来，由于黄河和渭河来水均偏枯，水沙条件恶化，渭河下游淤积严重，洪水灾害加剧，防洪问题突出。

渭河下游现有干堤长192 km，南山支流堤防146 km，北洛河堤防74.138 km。现有河道整治工程57处，坝垛1 113道，工程总长122.65 km。随着河道淤积及工程多年运用，渭河下游已建防洪工程标准不足、质量差等问题日益突出，南山支流入渭不畅，堤防经常决口，灾情十分严重。

渭河下游防洪工程体系主要由堤防工程、河道整治工程和规划中的东庄水库组成。堤防工程包括渭河干堤、南山支流堤防及北洛河堤防；河道整治工程包括险工及控导护滩工程。

1. 渭河干堤工程

渭河下游防洪保护区内人口171.69万人，耕地47.48万亩，有西安、咸阳、渭南等大、中城市。除耿镇、北田堤段保护区较小，防洪标准为20年一遇外，其他堤段防洪标准均为50年一遇。相应华县站设防流量分别为8 530 m³/s和10 300 m³/s。堤防级别分别为4级和2级，设计超高分别为1.5 m和2.0 m。设计堤顶宽度为6 m，临、背河边坡1:3。

渭河下游现状192 km干堤堤顶高程全部低于设计堤顶高程0.5m以上，规划全部进行加高帮宽。对堤防质量差、隐患多的堤段规划以锥探灌浆加固为主，部分堤段采用淤背或黏土斜墙。共安排加固堤段长161.06 km，不同措施的加固长度分别为：锥探灌浆104.11 km，淤背15.66 km，后戗41.29 km。淤背顶宽15 m，顶部高出临河滩面1.0 m。同时规划堤顶碎石硬化、辅道加高等附属工程建设。

2. 河道整治工程

由于渭河下游主流变化较大，为减少堤防的护岸工程量，需要采取河道整治的方法，理顺河势。根据黄河下游长期的实践经验，采用微弯治理方案，整治流量为1 800～3 500 m³/s，整治河宽为400～700 m。规划弯道50处，规划河道整治工程总长度约170 km。规划新建、续建(加固)河道整治工程36处，总长39.634 km，其中险工3处，总长1.31 km；控导护滩工程33处，总长38.324 km。另外，新建通往工程的防汛道路总长14.0 km以及对续建及加高加固工程联坝进行硬化和守险房建设。

险工顶部高程为设计防洪水位加1 m超高，控导护滩工程顶部高程为滩面高程加0.5 m超高。

3. 南山支流及北洛河下游

对渭河下游石堤河、罗纹河、方山河、遇仙河、罗夫河等南山支流12

条进行治理。

335 m 高程以上南山支流防洪标准为各支流 20 年一遇洪水设防,尾闾段按渭河 50 年一遇洪水标准设防,考虑到支流洪水和渭河洪水遭遇及渭河倒灌情况,最终按各支流 20 年一遇洪水与渭河 10 年一遇洪水遭遇的水面线和渭河 50 年一遇洪水水面线的外包线设防,相应堤防工程级别为 4 级。335 m 高程以下南山支流按各支流 10 年一遇洪水设防、尾闾段按渭河 5 年一遇洪水位进行复核,相应堤防工程级别为 5 级。

根据南山支流的洪水特点和河流泄洪要求分析,规划的主要措施是扩宽堤距,增大过流断面,堤防加高加固。共安排加高加固堤防长度 70.5 km,移堤新建堤防长度 50 km。

规划对北洛河下游现状堤顶高程比设计低 0.5 m 以上的堤段进行加高帮宽,共计长度 27.2 km。

4. 防洪水库

东庄水库位于泾河峡谷段出口以上约 20 km,距西安市 90 km,坝址控制流域面积 4.32 万 km²,占泾河流域面积的 95.1%,占渭河华县站流域面积的 40.6%,水库的开发任务是防洪、减淤和改善生态环境。枢纽工程主要由混凝土拱坝、坝身泄洪排沙洞、消能水垫塘、引水发电系统及放淤隧洞等组成,拦河坝最大坝高 228 m,水库总库容 30.1 亿 m³,调洪库容 7.3 亿 m³,调水调沙库容 22.0 亿 m³。

东庄水库建成后,可控制以泾河来水为主的常遇洪水对渭河下游的威胁,还可以对泾、渭河洪水遭遇进行控泄或错峰调节,提高渭河下游的防洪能力。对泾河特大洪水,通过水库削峰,可大大减少渭河下游灾害损失程度。通过水库拦沙减淤和调水调沙,一定时期内可减少渭河下游河道淤积,减轻渭河下游的防洪压力。

5. 返库移民安全建设

三门峡水库返库移民约 10 万人,居住在渭、洛河下游的低滩区,防洪问题十分突出。为不影响特大洪水时渭、洛河行洪和占用三门峡水库滞洪库容,自 1985 年以来,在 335 m 高程以下建设低标准移民围堤 151.57 km(渭河 76.76 km,洛河下游 11.1 km,南山支流 63.72 km),避水楼 7.08 万 m²,撤退路 110 km。目前存在的主要问题是堤防标准低,质量差;避水楼面积少;撤退道路不能满足撤离要求。

防洪标准:华阴围堤设防标准为渭河华县站 5 年一遇洪水位加 0.5 m

超高。沙苑围堤设防标准为临渭河堤段按渭河华县站 5 年一遇洪水位，临北洛河堤段按北洛河朝邑站 5 年一遇洪水位加 0.6 m 超高。朝邑围堤临黄河堤段按相应黄河龙门站 5 年一遇洪水，临北洛河堤段按北洛河朝邑站 5 年一遇洪水，堤防超高 1.0 m。

渭洛河库区河道整治工程采用以坝垛为主，坝顶高程按工程所在河段的滩面高程加 0.5 m 超高。防汛撤退道路按 4 级公路，采用沥青路面。避水楼为二层结构，二楼底板高程高于黄河、渭河 20 年一遇洪水水面线加 0.5 m 超高。

规划安排加高培厚移民围堤 24.97 km，加固移民围堤 87.8 km。新修坝垛护岸 99 座，总长 7.97 km。改建、新建桥梁、涵洞 14 座。改建和完善撤退道路 67.92 km，新建、改建避水楼面积 19.66 万 m²。

6. 除涝治理措施

结合渭河下游的实际情况，规划对沿河 5 处低洼地带进行引洪放淤，放淤总面积 2.34 万亩，设计引水流量 83 m³/s；新建、改建排涝泵站 7 座，新增装机 2 158 kW。

(三)金堤河治理

金堤河是黄河下游北金堤与临黄堤之间广大地区排水入黄的平原河道，流域面积 5 047 km²，耕地 528 万亩，人口 288 万人。由于多年来黄河河床逐年淤高，金堤河入黄条件日益恶化，汛期洪水长期滞留下游河道，下游支流沟口又无防洪闸站，内涝积水无法排出，洪涝灾害频繁发生，给当地经济带来了很大损失。为此，国家安排实施了金堤河治理一期工程，金堤河干流排水条件有所改善，但下游支流沟口无防洪闸站、张庄电排站规模较小等问题仍未解决，当地洪涝灾害依然严重。因此，实施金堤河二期治理工程十分必要。

金堤河二期治理工程主要包括：堤防、护城堤、围站堤加固，下游 20 多条支沟防洪排涝闸站建设及张庄电排站改扩建工程，以及生产桥改建和增建等。

三、其他支流防洪规划

除沁河下游、渭河下游和金堤河外，本次还对流域内防洪问题突出的 32 条支流的其他 35 个河段进行了规划，包括甘肃省 9 条(段)、青海省 1 条、宁夏回族自治区 2 条、内蒙古自治区 5 条、陕西省 10 条(段)、山西省 4 条(段)、河南省 2 条、山东省 2 条。防洪规划河段总长 4 546.04 km，主要是以河防工程为主的防洪工程体系。规划新建堤防长 443.94 km，加高加固长 2 025.18 km；防冲护岸新建工程长 1 871.88 km，加高加固长 170.34 km。各支流防洪工程主要规划指标详见表 6-1。

表 6-1　黄河流域支流防洪工程规划指标

省(区)	序号	支流名称	规划河段长度(km)	保护区社会经济状况 人口(万人)	保护区社会经济状况 耕地(万亩)	防洪标准(重现期)	堤防(护岸)级别	主要工程规划(km) 堤防 新建	主要工程规划(km) 堤防 加高加固	主要工程规划(km) 护岸 新建	主要工程规划(km) 护岸 加高加固
青海	1	湟水	224.7	42.82	31.25	20年	4			129.58	
甘肃	1	大夏河	104	35.96	26.58	农防10年、临夏市50年	5、2		17.71	166.23	
	2	洮河	239.2	64.8	47.17	20年	4		49.6	222.5	
	3	湟水下游	35		0.1	10年	5			29.28	
	4	大通河	104	12.7		农防10年、城防20年	5、4			13	
	5	庄浪河	95	18	11.83	农防10年、城防20年	5、4			65.41	
	6	祖厉河	120	9.72	3.68	农防10年、城防20年	5、4			45.98	
	7	渭河上游	225.14	53.63	24.96	农防10年、天水市50年	5、2			111.1	30.34
	8	葫芦河	98.7		18	农防10年、城防20年	5、4			100.4	21
	9	泾河	146.53			农防10年、平凉市50年	5、2		8.94	53.55	16
		合计(9条)	1 167.57						76.25	807.45	67.34
宁夏	1	清水河	293.5	31.3	26.3	20年	4		3.8	37.47	
	2	苦水河	68	10.79	62	10年	5			25.12	
		合计(2条)	361.5						3.8	62.59	
内蒙古	1	西柳沟	18	4.6	20	10年	5		30		
	2	罕台川	24	16	30	20年	4		25	19	
	3	哈什拉川	16	3.8	38	20年	4		32		
	4	美岱沟	19.7	5.1	20	20年	5		39.4		
	5	大黑河	202.44	105.45	307	20年	4		192.94	125.86	10
		合计(5条)	280.14						319.34	144.86	10

续表 6-1

省(区)	序号	支流名称	规划河段长度(km)	保护区社会经济状况 人口(万人)	保护区社会经济状况 耕地(万亩)	防洪标准(重现期)	堤防(护岸)级别	主要工程规划(km) 堤防 新建	堤防 加高加固	护岸 新建	护岸 加高加固
陕西	1	疏野河	65	12.93	13.7	农防10年，城防20年	5、4		4.19	39.96	
	2	无定河	182.5	23.5	4.87	10年	5		10	13.93	
	3	延河	134	23.58	10.04	农防10年，城防20年	5、4		17.54	36.79	
	4	渭河中游	171	71.5	49	农防10年，城防50年	5、2		266.79	42.96	
	5	黑河	28.3	16.16	34.5	20年	4		36.7	12	
	6	沣河	40.9	2.67	4	10年	5		40	27.92	
	7	金陵河	22	23.5	4.87	20年	4		5.9	29.47	
	8	千河	124.19	4.3	1	10年	5		60.92	87.16	
	9	泾河下游	145.5	18	18.4	农防10年，城防20年	5、4			83.26	
	10	石头河	16.18	3.36	5.33	10年	5		4.2	36.77	
		合计(10条)	929.57						446.24	410.22	
山西	1	汾河	760	159.64	344.24	20年、50年	4、2	191.77	486.1	216.14	
	2	沁河上游	20	3		20年	4			3.5	
	3	涑水河	196.6	230.1		20年	4	104.47	70.89		35
	4	姚暹渠	81.36			10年	5	5.2	80.04		58
		合计(4条)	1 057.96					301.44	637.03	219.64	93
河南	1	伊洛河下游	125			20年	4	8.1	240.72	25.7	
	2	天然文岩渠	208	150		10年	5		155		
		合计(2条)	333					8.1	395.72	25.7	
山东	1	王符河	40.8	150		50年	2	16	146.8	61.6	
	2	大汶河	150.8	399.15		30年	3	118.4		10.24	
		合计(2条)	191.6					134.4	146.8	71.84	
总计 32条(35段)			4 546.04					443.94	2 025.18	1 871.88	170.34

综上所述，本次对沁河下游、渭河下游和金堤河等 33 条(38 段)支流规划新建堤防 445.36 km，加高加固堤防 2 403.88 km；新建防冲护岸 1 871.88 km，加高加固护岸 170.34 km；河道整治工程新建、续建 49.884 km，改建加固坝垛 729 道。

第三节　水库除险加固规划

根据水利部已批复的《黄河流域防洪规划工作大纲》及《黄河流域片省区防洪规划编制大纲》，考虑到病险水库较多，本次规划对防洪任务重要、溃坝后造成严重损失的大型和中型病险水库进行加固处理。根据规划原则，选择对 84 座(其中大型水库 12 座，中型水库 72 座)大中型病险水库进行除险加固处理，其中青海 3 座，甘肃 3 座，宁夏 12 座，内蒙古 6 座，陕西 24 座，山西 8 座，河南 2 座，山东 26 座，使以上水库在规划期内防洪标准达到国家规定标准。现已完成水库除险加固 36 座，其中大型 6 座，中型 30 座。

规划重点处理水库防洪标准不足、大坝及泄洪建筑物安全问题。

针对病险水库存在的主要问题，主要加固措施为：对于防洪标准低、水库淤积问题，采取加高大坝、增建溢洪道、泄洪洞、排沙洞等工程措施，以提高泄洪及排沙能力。对于坝体、坝基裂缝引起水库渗漏问题，采用帷幕灌浆、防渗墙等加固措施；对坝肩失稳库岸进行岸坡稳定加固。对于溢洪道、泄洪洞等泄水建筑物裂缝问题，采用灌浆、预应力锚索等措施进行补强加固；对破损部分进行修复，进一步完善消能设施；对于长期运行老化失修的闸门及启闭设备进行更新改造。为满足防汛需要，对管理房屋改造扩建，新建改建防汛公路，并适当购置防汛必要的交通工具。为保持水库的正常调度，对通信、输电线路及大坝安全监测设施进行改造；建立自动化调度系统，建立健全预警预报系统和泥沙跟踪系统；对原有水文站网不能满足要求的，予以补充完善。

上述 84 座大中型病险库除险加固规划成果详见表 6-2 和表 6-3。

表 6-2 大型水库除险加固规划成果汇总

序号	水库名称	流域、水系	河流	控制流域面积(km²)	防洪标准(%)		坝高(m)	总库容(亿m³)	坝型	存在的主要问题	除险加固工程措施	完成情况
					校核	设计						
一	内蒙古											
1	三盛公	黄河	黄河	313 000	0.33	1	10	0.8		消力池损坏严重,闸门变形大,库区围堤质量差	加固消力池、泄水闸和库区围堤	
2	巴图湾	黄河	无定河	3 421	0.05	1	34	1.15	均质土坝	防洪标准低	新建泄洪建筑物	完成
3	挡阳桥	黄河	浑河	4 732	0.05	1	25	1.71	浆砌石重力坝	防洪标准低	坝体加高等	
二	甘肃											
4	巴家嘴	黄河	蒲河	3 522	0.05	1	74	5.11	均质土坝	防洪标准低,泄洪洞洞身损坏严重,大坝裂缝	增建泄洪建筑物,坝体裂缝灌浆,泄洪洞加固	在建
三	山西											
5	文峪河	汾河	文峪河	1 876	0.05	1	55.8	1.07		坝体裂缝多,抗滑稳定不满足,进水塔塔体裂缝多,溢洪道不能正常运行	处理坝体、进水塔塔体裂缝,改建溢洪道	在建
四	陕西											
6	冯家山	渭河	千河	3 232	0.02	1	72	3.5	均质土坝	防洪标准低,填土不均	改建溢洪道,加高大坝等	完成
7	羊毛湾	渭河	漆水河	1 100	0.05	1	47.6	1.2	均质土坝	大坝裂缝严重,副坝段塌岸,泄水洞闸门漏水,坝肩渗漏严重	主坝段灌浆,副坝段护坡,泄水洞改造维修	完成
8	石头河	渭河	石头河	673	0.05	1	114	1.31	黏土心墙坝	右坝肩渗漏严重	右坝肩进行防渗加固	完成
五	河南											
9	陆浑	伊洛河	伊河	3 492	0.01	0.1	55	13.9	黏土斜墙砂石坝	西坝头渗漏、坝基漏、溢洪道闸墩裂缝、泄洪洞衬砌裂缝	西坝头贴坡处理、坝脚下游混凝土截渗墙、泄洪洞裂缝处理	完成
六	山东											
10	卧虎山	黄河	玉符河	557	0.01	1	36.5	1.16	黏土心墙土石坝	防洪标准低,溢洪道山包阻碍行洪,泄水洞放水漏水	建防浪墙、大坝护坡,挖除溢洪道上游山包、放水洞防渗	
11	雪野	大汶河	瀛汶河	444	0.05	1	30.3	2.21	黏土心墙砂壳坝	溢洪闸老化、裂缝、坝后排水棱体失效,放水洞无检修闸门	泄洪闸改建加高,装放水洞闸门、坝后排水加高翻修	
12	光明	大汶河	光明河	134	0.02	0.5	23	1.04	均质土坝	坝体碾压不实,渗漏严重,溢洪道未建建闸溢流堰及消能工程	坝体建防渗墙、坝基灌浆,溢洪道建建闸门及防冲消能工程	完成

表6-3　重要中型水库除险加固规划成果汇总

序号	水库名称	流域、水系	河流	控制流域面积(km²)	防洪标准(%)		坝高(m)	总库容(亿m³)	坝型	存在的主要问题	除险加固工程措施	完成情况
					校核	设计						
一	内蒙古											
1	哈素海	黄河	大黑河等	1 926	1	2	5.5	0.84	土坝	围堤标准不够、建筑物损坏	加高加固围堤、加固建筑物	完成
2	红领巾	黄河黑河	水磨沟	1 381	0.1	2	41.2	0.12	土坝	水库淤积严重、防洪标准低	坝体加高、加宽溢洪道	完成
3	乌兰	黄河	布日嘎斯汰	547	0.1	2	21.4	0.1	均质土坝	防洪标准低、溢洪道拉深、泄水洞堵塞	溢洪道和泄水道修复	
二	宁夏											
4	张湾	清水河	西河	687	0.1	2	38.6	0.2	均质土坝	水库淤积、防洪标准低、泄水建筑物无闸门控制	坝体加高、改建泄洪建筑物、安装闸门	完成
5	张家嘴头	黄河渭河	葫芦河	375	0.1	2	30	0.28	均质土坝	水库淤积、防洪标准低	坝体加高、新建泄洪沙涵洞、改建原输涵洞	完成
6	觅麻河	清水河	觅麻河	688	0.1	2	40		均质土坝	水库淤积、防洪标准低	改建原溢洪道、增建泄水洞	完成
7	夏寨	黄河渭河	葫芦河	492	0.1	2	22	0.17	均质土坝	水库淤积、防洪标准低	增泄水洞、建坝顶防浪墙	完成
8	沈家河	清水河	清水河	313	0.1	2	30	0.18	均质土坝	水库淤积、防洪标准低	增建泄水涵洞	完成
9	李家大湾	黄河	苦水河	580	0.1	2	32.3	0.5	均质土坝	水库淤积、防洪标准低	改造泄洪建筑物、上游建郝家合水库	完成
10	碱泉口	西河	汉岔沟	218	0.1	2	38	0.12	均质土坝	坝体裂缝、泄洪建筑物无闸门	灌浆处理、安装闸门	
11	东至河	清水河	东至河	279	0.1	2	30	0.15	均质土坝	水库淤积、防洪标准低	坝体加高、加固泄水建筑物	完成
12	店洼	泾河	茹河	359	0.1	2	31	0.1	均质土坝	水库淤积、防洪标准低、泄洪建筑物失修	改、扩建输、泄水建筑物、更换闸门	完成
13	长山头	清水河	清水河	3 000			30		砌石坝	水库淤积、防洪标准低	库区河堤加固、上游建马家河湾水库	

续表 6-3

序号	水库名称	流域水系	河流	控制流域面积 (km²)	防洪标准(%) 校核	防洪标准(%) 设计	坝高 (m)	总库容 (亿 m³)	坝型	存在的主要问题	除险加固工程措施	完成情况
14	寺口子	清水河	中河	1 022	0.1	2	56.5	0.66	黏土斜墙坝	水库淤积，防洪标准低	坝体加高，改、扩建泄水、排沙建筑物，更换闸门	完成
15	马莲	黄河渭河	葫芦河	241	0.1	2	34.5	0.26	均质土坝	水库淤积严重，防洪能力低	坝体加高，改造泄洪建筑物	完成
三	青海											
16	南门峡	黄河	南门峡河	218	0.2	2	37.5	0.18	黏土斜墙坝	坝基、坝肩渗漏，放水设施老化	帷幕灌浆，更新设施	完成
17	东大滩	黄河	湟水河	1 536	0.1	1	24.5	0.29	黏土斜墙坝	绕坝渗漏	喷锚加固，反滤导流	在建
18	大南川	黄河	南川河	165	0.1	1	46.5	0.12	均质土坝	坝体渗漏，放水设施老化	截水墙，更新设施	完成
四	甘肃											
19	高崖	黄河	宛川河	131	0.2	2	28.5	0.12	均质土坝	防洪标准低，泄洪建筑物老化破坏	大坝加高，新建溢洪道，加固泄洪洞及输水物	完成
20	锦屏	黄河渭河	牛谷河	191	0.1	2	38	0.12	黏土斜墙坝	防洪标准低，泄洪建筑物破坏	大坝加高，新建非常泄洪洞	完成
五	山西											
21	蔡庄	汾河水系	白马河	223	0.1	1	22.2	0.11	均质土坝	水库淤积严重，右坝段坝基坝肩渗漏严重，输水洞闸门漏水，进水塔老化	近期溢洪道拓宽下深，坝基坝体灌浆，输水洞进水塔改造	在建
22	董封	沁河	获泽河	338	0.1	2	35.8		均质土坝	防洪标准低，坝边坡冲刷严重，溢洪道破坏严重	坝体加高，坝坡培厚，溢洪道护砌，改建输水洞进水塔	在建
23	苦池	涑水河	姚暹渠	517	1	5	12.7	0.15	均质土坝	大坝渗漏严重，无护坡，泄水闸不安全泄洪	大坝加高护坡，对坝体做灌浆处理，改造泄水闸	在建
24	上郑	沁河	蒙东河	126	0.1	2	30	0.1	均质土坝	大坝裂缝多，裂缝多，溢洪道不安全泄洪，输水洞淤积严重	加高大坝，改造溢洪道，修复输水渠	在建
25	上马	黄河	涞水河	1 390	0.1	1	10.7	0.36	水中倒土坝	大坝施工质量差，干容重低，裂缝多，泄流能力低	大坝灌浆，溢洪道衬砌，土工布防渗；护坡；增设泄洪闸	在建

续表 6-3

序号	水库名称	流域、水系	河流	控制流域面积 (km²)	防洪标准 (%) 校核	防洪标准 (%) 设计	坝高 (m)	总库容 (亿 m³)	坝型	存在的主要问题	除险加固工程措施	完成情况
26	天桥	黄河	黄河	403 877	0.1	1	42.23	0.48	混凝土坝、土坝	防洪标准低	大坝加高，且增加3孔泄洪闸	
27	任庄	沁河	丹河	1 299	0.1	2	35.3	0.63	均质土坝	淤积严重，防洪标准低，坝体裂缝多，渗漏严重，溢洪道未衬砌	增设非常溢洪道，坝体灌浆，溢洪道整修衬砌	在建
六	陕西											
28	石砭峪	渭河	石砭峪河	132	0.1	1	85	0.28	堆石坝	大坝渗漏严重，输水洞破坏严重	坝体防渗加固，输水洞修补	
29	信邑沟	渭河	美阳河	220	0.1	1	58	0.41	均质土坝	坝坡不稳定，坝体、坝肩裂缝及渗漏，坝体碾压不均匀	大坝培厚加固，进行防渗处理	在建
30	薛峰	黄河	洮水河	529	0.1	2	56.2	0.44	均质土坝	坝肩绕坝渗漏，放水洞及闸门损坏	坝肩灌浆防渗，放水洞加固，更换闸门	完成
31	新桥	无定河	红柳河	1 332	0.1	1	47	0.44	土坝	水库淤积，防洪标准低	大坝加高，上游新建雷家窑则水库	
32	中营盘	无定河	榆溪河	607	0.1	2	28.3	0.2	均质土坝	防洪标准低，卧管输水洞裂缝及破坏严重	土坝加高，加固整修放水设施	
33	寨砂石	清涧河	清涧河	70	0.1	1	50.1		均质土坝	淤积严重，坝体渗漏，防洪标准低	加高大坝，修筑坝下排洪渠	
34	郑家河	洛河	淤泥河	73	0.1	1	28		均质土坝	防洪标准低，坝体渗漏，原输水洞位置不适宜	大坝防渗加固，改建泄洪洞	完成
35	林皋	洛河	白水河	330	0.1	1	34.1		均质土坝	防洪标准低，坝肩渗漏严重，溢洪道边坡滑坡、渗漏塌	建防浪墙，坝肩防渗处理，溢洪道改造，防渗处理	完成
36	东风	渭河	雍水河	365	0.1	2	26		均质土坝	防洪标准低，大坝工程质量差	增设防浪墙，大坝迎水面护坡及劈裂灌浆，加固溢洪道	

序号	水库名称	流域、水系	河流	控制流域面积(km²)	防洪标准(%) 校核	防洪标准(%) 设计	坝高(m)	总库容(亿m³)	坝型	存在的主要问题	除险加固工程措施	完成情况
37	福地	洛河	五里镇河	120	0.1	2	30	0.1	均质土坝	淤积严重，防洪标准低，左右坝肩渗漏，输水洞裂缝及坝前壁脱落	加高大坝，左右坝肩渗漏处理，增建排沙洞，改造溢洪道加固输水洞	完成
38	汧河	泾河	汧河	710	0.1	2	51		均质土坝	水库淤积严重，防洪标准低	大坝培厚加固，加固溢洪道，改建泄水洞及输水洞	完成
39	段家峡	渭河	千河	634	0.1	1	43	0.11	均质土坝	输水洞内渗水严重且无工作闸门，溢洪道出口山崖阻水严重	处理输水洞渗水目加设工作闸门，溢洪道出口山崖削坡	在建
40	石堡川	洛河	盘曲河	820	0.1	2	58		均质土坝	防洪标准低，大坝质量差且坝坡不稳定，放水洞漏水	增建溢洪道，加固溢洪道，处理物破坝，输水洞	在建
41	中山川	清水河	秀延河	143	0.1	1	58	0.13	均质土坝	淤积严重，防洪标准低，坝体质量差	大坝防渗加高及加固，改造放水洞	
42	尤家峁	无定河	榆溪河	97	0.1	1	29.3	0.16	均质沙坝	水库淤积严重，坝体渗漏严重	劈裂灌浆加固大坝	完成
43	电市	无定河	小理河	188	0.1	0.2	39.5	0.18	均质土坝	防洪标准低，坝面无排水设施，坝体和泄水建筑物破坏，造成漏水	坝体加高培厚，泄水建筑物整修加固	
44	拓家河	洛河	仙姑河	295	0.1	1	43.3	0.25	均质土坝	大坝变形，坝坡、坝体漏水，大坝护坦破坏不稳定	大坝防渗灌浆，坝坡加固，加大坝后排水体	在建
45	零河	渭河	零河	270	0.1	1	45.8		均质土坝	淤积严重，大坝渗漏，溢洪道渗漏、输水洞渗漏，跌水护坦破坏严重	坝体混凝土防渗墙，溢洪道和放水设施加固处理	完成
46	玉皇阁	渭河	赵氏河	178	0.1	1	36.6		均质土坝	淤积严重，大坝裂缝、渗漏，溢洪道渗漏设施水护坦破坏不灵	大坝加固灌浆处理，改造溢洪设施，改造溢洪道	
47	白狄沟	漆水河	横水河	234	0.1	2	34.5	0.14	均质土坝	防洪标准低	增加溢洪道扩建加固	完成
48	老鸦嘴	渭河	莫谷河	245	0.1	1	52.3	0.27	均质土坝	无溢洪道设施，大坝渗漏严重，底涵出流不顺，泄水底洞漏水严重	增加溢洪灌浆，大坝灌浆，改造坝体，改造泄水底洞退水闸	完成

续表 6-3

序号	水库名称	流域、水系	河流	控制流域面积(km²)	防洪标准(%) 校核	防洪标准(%) 设计	坝高(m)	总库容(亿 m³)	坝型	存在的主要问题	除险加固工程措施	完成情况
七	河南											
49	段家沟	黄河	涧河	132	0.1	2	49.5	0.11	土坝	防洪标准低，坝体坝肩渗水，泄洪洞洞门损坏	增非常溢洪道，坝体坝灌浆，更换泄洪洞洞门	在建
八	山东											
50	东周	大汶河	渭水河	189	0.1	1	23	0.66	土坝	坝坡不稳定，心墙有软弱带，右坝肩渗漏，溢洪道无消能设施	主坝加固，坝基库岸防渗，溢洪道消能工程	完成
51	乔店	大汶河	辛庄河	85	0.1	2	26.2	0.22	黏土斜墙沙壳坝	坝体滑动稳定不满足要求，浪墙变形，溢洪道无闸门	大坝加固，溢洪道建闸	完成
52	葫芦山	大汶河	牟汶河	187	0.1	2	15.8	0.23	土石坝	防洪标准低，坝体单薄，坝基渗水，溢洪道未建闸及消能工程	大坝加高加固及防渗，建副坝，建溢洪道闸及消能工程	完成
53	黄前	大汶河	石汶河	292	0.1	1	33.3	0.71	黏土心墙坝	坝体单薄，溢洪道无消能，冲消能，钢闸门老化，失修	大坝加高，更换溢洪道闸及建消能工程	完成
54	尚庄炉	大汶河	小汇河	141	0.1	1	17.1	0.26	均质土坝	坝体、坝基渗漏严重，护坡差，溢洪道无闸和消能防冲工程	大坝灌浆防渗，闸及消能工程	
55	山阳	大汶河	八里沟	47	0.1	1	13.2	0.23	均质土坝	坝体坝基渗漏，溢洪道消能防冲设施不完善，放水洞老化，渗漏	坝体坝基帷幕灌浆，加高培厚，完善溢洪道工程，副坝	
56	直界	大汶河	石固河	26	0.1	1	14.3	0.16	均质土坝	坝体坝基严重渗漏，溢洪道无闸，放水洞老化	大坝加固，建溢洪道消能设施，放水洞改建	
57	小安门	大汶河	徐汶河	36	1	0.1	20.5	0.19	黏土心墙坝	心墙有软弱带，护坡排水体质量差，主坝渗水，放水洞老化	大坝灌浆防渗，溢洪道消能工程，放水洞改建	
58	沟里	大汶河	莲花河	45	0.1	2	17.7	0.1	砌石坝	坝基漏水严重，土石坝合不实，溢流堰中裂缝贯通，坝身加固	加固主坝，溢洪道建闸，处理主、副坝裹头	
59	崮头	黄河	南大沙河	100	0.1	2	21.5	0.13	均质土坝	坝基渗漏，溢洪道无闸	坝身加固，洪道建闸，放水洞改建	完成
60	角峪	大汶河	汇河	44	0.1	1	16.8	0.16	均质土坝	坝基库岸渗漏，溢洪道无闸和上游护坡退刷严重	坝基防渗，消能，建闸，上游护坡加固	

续表 6-3

序号	水库名称	流域、水系	河流	控制流域面积 (km²)	防洪标准(%) 校核	防洪标准(%) 设计	坝高 (m)	总库容 (亿m³)	坝型	存在的主要问题	除险加固工程措施	完成情况
61	大河	大汶河	洋汶河	85	0.2	1	22	0.27	均质土坝	坝基坝肩渗漏，坝坡裂缝，溢洪道无消能防冲设施	大坝防渗加固，溢洪道消能工程，建溢洪道，放水洞加固	完成
62	胜利	大汶河	漕浊河	14	0.1	1	27.1	0.55	黏土心墙坝	坝体渗漏，护坡差，溢洪道泄流能力不足	大坝加固，帷幕防渗，溢洪道改建工程	完成
63	彩山	大汶河	陶河	38	0.1	1	24.5	0.18	黏土心墙沙壳坝	溢洪道无闸，上游护坡差	加固大坝护坡、溢洪道、建闸及消能工程	
64	贤村	大汶河	海子河	32	0.1	1	15.1	0.12	均质土坝	坝体沉陷，裂缝，渗漏，溢洪道无闸及消能防冲工程	帷幕灌浆加固大坝，溢洪道建闸及消能工程	
65	苇池	大汶河	羊流河	25	0.1	1	22.5	0.12	均质土坝	护坡大面积冲塌变形，坝体渗漏，溢洪道无消能工程	大坝帷幕灌浆、加固护坡，建溢洪道消能工程	
66	大冶	大汶河	方下河	163	0.1	2	24	0.44	均质土坝	坝体单薄，坝基渗漏，溢洪道无控制无消能工程，放水洞损坏	坝基防渗，坝坡翻修，建溢洪道消能工程，放水洞加固	
67	公家庄	大汶河	槐树河	31	0.1	2	23.2	0.11	均质土坝	大坝护坡塌陷，溢洪道无消能工程，放水洞老化	大坝护坡翻修，溢洪道消能防冲建设，放水洞改造	
68	鹁鸽楼	大汶河	牛泉河	25	0.1	2	30	0.1	黏土心墙混合坝	坝体沉陷，坝坡坏损，防浪墙裂缝变形，溢洪道放水洞老化	大坝加固，溢洪道消能工程，放水洞改造	
69	杨家横	大汶河	盘龙河	39	0.1	2	29.5	0.13	黏土心墙坝	坝坡塌陷脱皮，溢洪道未建消能防冲工程，放水洞漏水	坝坡翻修，增建溢流坝及消能设施，放水洞更换	
70	石店	黄河	北大沙河	40	0.1	2		0.11	均质土坝	溢洪道闸底板裂缝，桥架强度低，无防浪墙	溢洪道加固，建防浪墙	
71	武庄	黄河	北大沙河	55.6	0.1	2		0.15	浆砌石坝	防洪标准低，泄洪设施不完善	大坝加高，加固完善溢洪道	
72	钓鱼台	黄河	南大沙河	39	0.1	2		0.11	均质土坝	坝身单薄，坝后坡陡，渗水，溢洪道无闸	大坝加固，溢洪道建闸	

第四节　城市防洪规划

一、城市发展概况

黄河流经青海、四川、甘肃、宁夏、内蒙古、陕西、山西、河南、山东9省(自治区)。共有69个地区(州、盟、市)、329个县(旗、市)在流域内，其中青、甘、宁、蒙、陕、晋6省(自治区)的省会或自治区首府在黄河流域内。下游的豫、鲁两省省会虽不在流域内，但都位于黄河干流之滨。黄河流域及沿黄地区的城市、工业基地的生存与发展依靠黄河水源，同时洪水泛滥也给这些地区带来了沉重的灾难，现今两岸仍遭受黄河水患威胁。

黄河流域及其下游平原是我国最早的经济开发区，历史上长期是国家的政治、经济、文化和交通中心。从夏王朝建国开始至北宋以前的4 000多年间，中国的王朝大多建都于此，历史上六大古都中有西安、洛阳、开封三处都位于黄河流域及其下游平原。流域内的银川、太原等城市还曾有蒙古、西夏等少数民族的建都历史。为保证西安、洛阳、开封等京都的供给，黄河流域漕运四通八达，以京都为中心，以黄河为骨干的航运较为发达，并由此带动中下游地区的经济发展与繁荣。

中华人民共和国成立后，依靠得天独厚的资源优势，老城市得到大规模的改造，城市建设得到迅速发展，并出现了一批新兴的现代工业城市，大多数城市同时也成为当地的商业中心、交通枢纽。西安、洛阳、开封等城市还是我国重要的旅游城市，举世闻名。

二、城市防洪标准及工程规划

(一)防洪标准

按照《防洪标准》(GB 50201—94)和《城市防洪工程设计规范》(CJJ 50—92)分析，本次规划的14座城市中，其设防等级分别为：济南、西安、太原、郑州市是Ⅰ等，银川、石嘴山、乌海市为Ⅲ等，延安市为Ⅳ等，其余6座城市均为Ⅱ等。Ⅰ等设防城市济南、西安、太原、郑州市的防洪标准为200年一遇(指主城区，下同)，Ⅳ等设防城市延安市的防洪标准为50年一遇，其余9座Ⅱ、Ⅲ等设防城市的防洪标准均为100年一遇(见表6-4)。

表 6-4 黄河流域及下游沿黄城市规划防洪标准汇总

序号	城市名称	非农业人口 (万人)	建成区面积 (km²)	GDP (亿元)	设防等级	防洪标准
1	济南	180	120	661	I	200 年一遇
2	郑州	160	133	344	I	200 年一遇
3	西安	253	187	602	I	200 年一遇
4	太原	185	177	295	I	200 年一遇
5	呼和浩特	79	83	125	II	100 年一遇
6	银川	49	48	76	III	100 年一遇
7	兰州	148	163	271	II	100 年一遇
8	西宁	63	61	63	II	100 年一遇
9	石嘴山	32	47	34	III	100 年一遇
10	乌海	34	56	38	III	100 年一遇
11	包头	113	149	189	II	100 年一遇
12	延安	14	21	20	IV	50 年一遇
13	洛阳	104	104	199	II	100 年一遇
14	开封	58	67	61	II	100 年一遇
合计		1 471	1 416	2 976		

需要说明的是，下游沿黄城市中济南、郑州、开封 3 座城市的防洪标准是指防御黄河干流以外其他河流的防洪标准，黄河的防洪标准高于其他河流，并在黄河下游防洪减淤规划中单列，此处不再重复计列。

(二)城市防洪工程规划

规划中主要考虑影响城市防洪安全的排洪沟、渠、河道治理以及城市上游防洪水库、分滞洪区等工程建设。城市的市政建设，譬如涵闸、橡胶坝、交通桥、城市除涝排污的管网或防洪、除涝、排污共用的管网，不在城市防洪规划中考虑。由于桥涵、管网排水能力不足引起防洪问题，其拆改亦不在本次规划考虑的范畴。

城市防洪工程体系一般包括拦洪水库、河道堤防、护岸、排洪沟渠、防洪墙等工程，个别城市还有分滞洪区。

结合城市现状情况及发展规划，根据拟定的防洪标准，针对防洪存在的问题，规划了各城市的防洪工程布局及工程建设项目，其中在干支流河流防洪规划项目，此处不再考虑。规划工程安排时，对工程体系不完整的，安排新建防洪工程。在完善防洪体系的同时，加强对现有工程的加固处理，提高防洪能力。本次规划共新建水库 4 座，堤防 1 221.6 km，排洪渠 318.7 km，护岸 515.4 km，防洪墙 60.9 km，开辟滞洪区 9 处；加固水库 15 座，堤防 845.3 km，排洪渠 459.9 km，护岸 140.6 km，防洪墙 5.5 km，滞洪区 17 处。

城市防洪规划成果详见表 6-5。

表 6-5　城市防洪规划主要指标汇总

项　目	济南	郑州	西安	太原	呼和浩特	银川	兰州	西宁	石嘴山	乌海	包头	延安	洛阳	开封	合　计
非农业人口(万人)	180	160	253	185	79	49	148	63	32	34	113	14	104	58	1471
建成区面积(km²)	120	133	187	177	83	48	163	61	47	56	149	21	104	67	1416
GDP(亿元)	661	344	602	295	125	76	271	63	34	38	189	20	199	61	2976
现状工程　水库(座)		8	1	6	1						2				18
现状工程　堤防(km)	75.00	220.60	108.00	191.00	55.90	82.60	45.94		42.80	9.68	115.58	30.51	83.03	78.94	1139.58
现状工程　护岸(km)	72.30	26.00		53.84	46.00				6.40	7.96	28.35	30.51			271.36
现状工程　排洪渠(km)	228.40		50.42	65.00		196.80		3.90	30.70	10.89	7.80		24.48	147.05	765.44
现状工程　防洪墙(km)	38.00							8.00							46.00
现状工程　滞洪区(处)	3			9		9			2		1				24
规划防御洪河流范围	小清河等18条	贾鲁河等7条	灞河等4条河沟	汾河等24条	小黑河等10条	大察沟等27条	黄河及34条泥石流河沟	湟水及北川河等14条	大武口等7条	千里沟等12条	昆都仑等河沟11条	延河等4条河沟	伊河、涧河等4条河沟	惠济河等8条河沟	
规划沟道总长(km)	283.90	325.68	73.95	192.16	114.88	227.10	123.84	35.10	149.40	41.69	110.38	25.92	68.06	147.05	1919.11
防洪工程体系	河防工程、滞洪区	水库、河防工程	水库、河防工程	水库、河防工程、滞洪区	水库、河防工程	河防工程、滞洪区	河防工程	河防工程	河防工程、滞洪区	河防工程	水库、河防工程、滞洪区	水库、河防工程	河防工程	河防工程	
城市设防洪等级	I	II	I	I	II	III	II	II	III	III	II	IV	II	II	
规划防洪标准	200年一遇	200年一遇	200年一遇	200年一遇	100年一遇	100年一遇	100年一遇	100年一遇	100年一遇	100年一遇	100年一遇	50年一遇	100年一遇	100年一遇	
规划工程规模　新建　水库(座)					3							1			4
规划工程规模　新建　堤防(km)	458.90	71.54	30.87	121.00	84.41	41.30	28.20		34.20	37.89	103.16	8.97	13.95	187.17	1221.56
规划工程规模　新建　渠道(km)	68.50			38.00			78.80	11.00	17.90				104.48		318.68
规划工程规模　新建　护岸(km)	53.90		14.00	72.16	118.79			10.60	14.50	37.89	142.47	8.97	17.67	24.40	515.35
规划工程规模　新建　防洪墙(km)	27.60							31.92					1.38		60.90
规划工程规模　新建　滞洪区(处)				4		3			2						9
规划工程规模　加固　水库(座)		8		6	1										15
规划工程规模　加固　堤防(km)	13.50	220.54	65.59	87.00	49.05	50.59	17.20		30.70	20.40	115.60	22.05	74.14	78.94	845.30
规划工程规模　加固　渠道(km)	159.90			15.00	11.08	65.00			6.40	20.40	13.92		22.52	147.05	459.89
规划工程规模　加固　护岸(km)	35.00		50.42	53.84											140.64
规划工程规模　加固　防洪墙(km)								5.48							5.48
规划工程规模　加固　滞洪区(处)				8		9									17

第五节　山洪灾害防治规划

一、山洪灾害分布及特点

按照《全国山洪灾害防治规划》划分，黄河流域山洪灾害防治区总面积 31.09 万 km^2，主要分布在黄土高原地区，其次是内蒙古高原地区，两部分防治区面积为 30.73 万 km^2，其他地区 0.36 万 km^2。

黄土高原地区西起青藏高原东缘，东至太行山西坡，北起长城沿线，南至秦岭北麓，包括河南、山西、陕西、宁夏、甘肃和青海等省(自治区)的部分地区，山洪灾害防治区面积 25.25 万 km^2，其中一级重点防治区面积 5.62 万 km^2，二级重点防治区面积 4.37 万 km^2。内蒙古高原地区主要分布在贺兰山东侧、阴山南侧，包括内蒙古和宁夏、陕西北部局部地区，山洪灾害防治区面积 5.48 万 km^2，其中一级重点防治区面积 0.50 万 km^2，二级重点防治区面积 1.67 万 km^2。防治区内水土流失严重。

防治区主要位于流域西部高原区，区内自然条件较差，社会经济发展水平相对落后。区内有人口 3 310 万人，耕地面积 3 450 万亩，国内生产总值 1 075 亿元。

防治区内地表切割破碎、沟壑纵横，暴雨强度大、历时短，山洪灾害以暴雨洪水及水土流失造成的危害最为突出，兼有滑坡和泥石流发生。灾害具有分布广泛、突发性强、预测预防难度大、成灾快、破坏性大、季节性高的特点，导致的人员伤亡和财产损失较为严重。据不完全统计，新中国成立以来，流域内山丘区洪水灾害造成的死亡人数约 1.6 万人。

二、山洪灾害防治规划

随着流域经济社会的不断发展，山洪灾害的研究和防治受到重视。但是在山洪灾害严重区域气象水文监测、通信预警系统建设尚处于起步阶段，防灾预案的编制不完善，防灾管理缺乏有效的法律、法规及协调机制。同时，由于黄土高原水土流失面积广大，水土流失依然严重；多数河道堤防等防洪工程建设标准低，质量差；病险水库多；山洪诱发的滑坡治理工程薄弱。由于对山洪灾害防治的系统研究和防灾知识宣传不够，人们对山洪灾害的认识不足，防灾避灾的意识不强。随着西部大开发的不断深入，城镇建设、基础设施、矿山建设加快，侵占河道现象严重，乱建、乱挖、乱弃致使河道淤塞加剧，泄洪能力降低，加重了山洪灾害的发生频次和损失，防灾形势十分严峻。

山洪灾害防治应与支流治理和水土保持相结合，坚持以防为主，防治结合；以非工程措施为主，非工程措施与工程措施相结合的原则。

广泛深入开展宣传教育，提高人民群众对山洪灾害的认识，普及防御山洪灾害的基本知识；建立完善的监测通信预警系统，提高预测、预报山洪灾害的能力，以利及时撤离、躲避；建立健全各级防灾、救灾组织，制订切实可行的防灾预案；对于山洪灾害频繁，防治难度大的区域主要采取搬迁避让措施；完善和细化政策法规，加强管理，规范人类活动，有效避免或减轻山洪灾害。

在黄土高原地区，结合水土保持，坚持以淤地坝系建设为主，蓄水保土；山洪沟治理与支流治理相结合，采用护岸及堤防工程为主，结合沟道疏浚、排洪渠措施；对小型病险水库进行除险加固；泥石流沟采取拦挡、排导等措施治理；针对不同类型的滑坡有针对性地采取阻排地表水、削坡减载、抗滑挡墙等措施进行治理。

第七章　黄土高原水土保持规划

黄土高原严重的水土流失，不仅造成大量的泥沙下泄入黄，使黄河成为世界著名的多泥沙、难治理的河流，而且是当地群众生活贫困的主要原因，严重制约了经济社会的可持续发展，加剧了荒漠化的发展和其他灾害的发生。同时，为减轻下游河道淤积，还必须保证一定的水量输沙入海，又加剧了水资源供需矛盾。水土保持是治黄的根本措施，本次防洪规划将黄土高原水土保持规划一并考虑。

第一节　水土流失概况及治理重点

黄河流域黄土高原西起日月山，东至太行山，南靠秦岭，北抵阴山，涉及青海、甘肃、宁夏、内蒙古、陕西、山西、河南 7 省(自治区)50 个地(市、盟)，317 个县(旗、市)，总人口 8 742 万人，面积 64 万 km²。黄土高原总的地势是西北高，东南低。六盘山以东、吕梁山以西的陇东、陕北、晋西地区为典型的黄土高原，海拔 1 000～2 000 m。

黄土高原土壤结构疏松，抗冲、抗蚀能力差，气候干旱，植被稀少，坡陡沟深，暴雨集中，加上人类不合理的开发利用，水土流失极为严重，使黄河多年平均输沙量达 16 亿 t，是我国乃至世界上水土流失面积最广、强度最大的地区。据 1990 年遥感调查资料，流域内黄土高原地区水土流失面积达 45.4 万 km²(水蚀面积 33.7 万 km²，风蚀面积 11.7 万 km²)，占总土地面积 64 万 km² 的 70.9%。水土流失面积中，侵蚀模数大于 8 000 t/(km²·a)的极强度水蚀面积 8.5 万 km²，占全国同类面积的 64%；侵蚀模数大于 15 000 t/(km²·a)的剧烈水蚀面积 3.67 万 km²，占全国同类面积的 89%。

黄土高原水土流失类型多样，成因复杂。丘陵沟壑区、高塬沟壑区、土石山区、风沙区等主要类型区的水土流失特点各不相同。水蚀、风蚀等相互交融，特别是由于深厚的黄土土层和其明显的垂直节理性，沟道崩塌、滑塌、泻溜等重力侵蚀异常活跃。据调查量算，黄河中游河口镇至龙门区间，长度在 0.5～30 km 的沟道有 8 万多条，丘陵沟壑区沟壑面积占总面积的 40% ~ 50%，而产沙量占小流域总沙量的 50% ~ 70%；高塬沟壑区沟壑面积占总面积的 30% ~ 40%，而产沙量占小流域总沙量的 80% ~ 90%。

黄土高原地区是我国水土保持工作的重点。黄土高原地区可划分为水土流失治理区、预防保护区和监督区。其中水土流失治理区又分为黄土丘陵沟壑区、黄土高塬沟壑区等 9 个类型区，按照各区特点，因地制宜配置各种治理措施，进行综合治理。黄土高原水土保持是一项长期而艰巨的任务，必须突出重点，循序渐进，分期治理，本次规划的重点是提出近期治理措施，远期需在近期措施实施的基础上，根据治理效果，及时总结经验，持续不断地进行治理。

黄河流域中游多沙粗沙区面积 7.86 万 km²，位于河口镇至龙门区间的 18 条支流、泾河的马莲河上游和蒲河、北洛河刘家河以上地区，涉及山西、陕西、甘肃、内蒙古和宁夏 5 省(自治区)、44 个县(旗、市)。该区面积仅占黄土高原地区水土流失面积的 17%，但年输入黄河的泥沙高达 11.8 亿 t，占全河的 63%。其中大于 0.05 mm 粗沙量占全河粗沙总量的 73%，是黄河下游河道淤积泥沙的主要来源。多沙粗沙区治理对减少入黄泥沙、减轻河道及水库淤积具有重要作用。多沙粗沙区大部分处于我国重要的能源重化工基地和今后矿产资源开发的重点区域，是实施西部大开发战略的重要建设开发区。但是这里生态环境十分脆弱，生产条件差，经济发展缓慢，是我国相对集中的贫困地区，又是我国的革命老区，生态建设和环境保护的任务紧迫而繁重。搞好多沙粗沙区的水土保持，能够有效减少入黄泥沙，同时还可有效改善西北地区的生态环境，提高当地人民生活水平，促进区域经济社会的可持续发展。因此，近期黄土高原水土保持生态建设以多沙粗沙区为重点，集中进行综合治理。

根据《全国生态环境建设规划》的总体部署，规划近期水土流失综合治理面积 12.1 万 km²，其中多沙粗沙区规划治理面积 5.5 万 km²。特别要抓好皇甫川、孤山川、窟野河、秃尾河、无定河、三川河、昕水河、浑河等 32 条支流水土保持生态工程建设。在此基础上，远期再治理水土流失面积 12.1 万 km²，多沙粗沙区基本得到治理。

黄土高原地区水土保持生态建设要坚持以淤地坝建设为主，生物、耕作措施相结合，综合治理。通过综合治理，有效地拦蓄和利用泥沙，减少下游河道淤积，发展优质高产基本农田，为退耕还林还草创造物质基础和社会保障条件。同时采取封育限牧，充分发挥生态自我修复能力，加快植被恢复和生态系统改善。

第二节 水土保持措施规划

一、淤地坝建设

黄土丘陵沟壑区和高塬沟壑区，沟道产沙模数高达 2.4 万～3.6 万 t/(km²·a)，为坡面产沙模数的 3～5 倍。实践证明，在黄土高原地区特别是多沙粗沙区，开展淤地坝建设，是减少入黄泥沙，减缓下游河道淤积的主要措施。据分析，现状库坝工程减沙占水利水保措施总减沙量的 70% 以上。另外，沟道建坝后，随着泥沙淤积，侵蚀基准面抬高，防止了沟道进一步下切和沟岸坍塌，从而稳定沟坡，减少沟道侵蚀。淤地坝将水沙就地拦蓄，变荒沟为高产稳产的基本农田，增加良田面积，为陡坡地退耕还林(草)提供有利条件。同时，对于发展小片水地、缓解人畜饮水困难及生态用水不足有重要作用。根据实测资料，坝地一般亩产达 250～300 kg，高者可达 500 kg，是坡耕地的 5～10 倍。

淤地坝以小流域为单元进行布设，主要分布在多沙粗沙区以及水土流失严重的重点支流(共 32 条支流)，涉及 7 省(自治区)26 个地(盟、市)的 118 个县(旗、市)。淤地坝分为骨干坝和中小型淤地坝。据现有经验，中小型淤地坝代表性坝高 15 m 左右，单坝库容 10 万 m³ 左右。按照能够基本拦蓄洪水和泥沙，保证中小型淤地坝和小水库安全运行的要求，骨干坝的设计标准为 30 年一遇洪水设计，300 年一遇洪水校核，设计淤积年限 20 年，其规模一般为坝高 20 m 以上、单坝库容 100 万 m³ 左右。近期规划在黄土高原地区修建骨干坝 1.67 万座，其中在多沙粗沙区修建 1.35 万座；修建中小型淤地坝 8.94 万座,其中在多沙粗沙区修建 7.0 万座(见表 7-1、表 7-2)。

表 7-1 黄土高原近期水土保持措施规划

工程项目		单位	黄土高原地区	其中：多沙粗沙区
淤地坝	骨干坝	座	16 700	13 500
	中小型淤地坝	座	89 400	70 000
坡面治理	基本农田	万亩	3 018	355
	水土保持林	万亩	6 257	5 268
	人工种草	万亩	4 540	1 277
	生态修复	万亩	4 335	1 350
治理面积		万 km²	12.10	5.5

表 7-2　多沙粗沙区主要支流措施规划

| 区间 | 河名 | 流域面积(km²) | 多沙粗沙区面积(km²) | 淤地坝(座) | | 坡面治理 | | | | |
				骨干坝	中小型淤地坝	水土保持林(万亩)	人工种草(万亩)	生态修复(万亩)	基本农田(万亩)	治理面积(km²)
河龙区间	皇甫川	3 246	3 246	503	2 332	128.36	31.05	55.8	8.7	1 493
	孤山川	1 272	1 272	223	1 191	54.27	13.15	21.9	9	655
	窟野河	8 706	5 456	688	5 474	275.93	66.79	93.7	40.2	3 179
	秃尾河	3 294	1 204	176	637	76.00	18.40	20.7	15.45	870
	浑河	5 533	1 127	385	1 011	79.09	19.18	19.3	4.71	816
	偏关河	2 089	892	323	798	62.63	15.18	15.3	3.73	646
	佳芦河	1 134	985	227	881	69.18	16.76	17.0	4.12	713
	无定河	30 261	13 753	2 949	15 105	965.63	234.09	236.2	57.47	9 956
	朱家川	2 922	183	311	165	12.80	3.12	3.1	0.76	132
	岚漪河	2 167	423	189	377	29.71	7.21	7.2	1.77	306
	蔚汾河	1 478	810	215	725	56.84	13.79	14.0	3.38	586
	湫水河	1 989	1 421	326	1 273	99.81	24.18	24.4	5.94	1 029
	三川河	4 161	1 356	440	1 213	95.24	23.09	23.2	5.67	982
	屈产河	1 220	1 074	158	963	75.43	18.29	18.4	4.49	778
	昕水河	4 326	720	363	646	50.59	12.25	12.3	3.01	521
	清涧河	4 080	4 080	413	2 543	286.47	69.44	70.1	17.05	2 953
	延河	7 687	6 685	618	4 307	469.33	113.78	114.7	27.93	4 839
	清水川	883	883	128	792	62.02	15.02	15.2	3.69	639
	杨家川	1 002	745	108	665	52.27	12.68	12.8	3.11	539
	县川河	1 587	1 108	240	991	77.71	18.86	19.1	4.63	802
	未控区	26 026	12 477	1 807	11 170	875.88	212.36	214.4	52.14	9 032
	小计	115 063	59 900	10 790	53 259	3 955.19	958.67	1 028.8	276.95	41 466
北洛河	刘家河以上	7 325	6 308	914	5 647	442.82	107.37	108.3	26.36	4 566
泾河	蒲河巴家嘴以上	3 522	925	135	827	64.91	15.74	15.9	3.87	668
	马莲河河口以上	19 086	11 467	1 661	10 267	805.02	195.18	197.0	47.92	8 300
	小计	22 608	12 392	1 796	11 094	869.93	210.92	212.9	51.79	8 968
合计		141 524	78 600	13 500	70 000	5 267.94	1 276.96	1 350.0	355.1	55 000

二、坡面治理

水土保持坡面治理措施主要包括：以坡改梯为主的农田基本建设、水土保持林和人工种草、生态修复等。

(一)农田基本建设

农田基本建设包括坡耕地改造、修筑沟坝地、兴修小片水地和引洪漫地。农田基本建设具有保持水土、提高粮食产量、改善农业生产条件和生态环境、促进退耕还林(草)、发展经济等重要作用。预测近期该地区农业人口为 7 367.6 万人，按人均粮食 380 kg 的基本自给水平计算，全区农业人口粮食总需求量为 280 亿 kg。按照多年平均基本农田的粮食亩产 220 kg 计算，近期约需要基本农田 12 718 万亩，在现有 9 700 万亩基本农田面积的基础上，规划建设基本农田面积 3 018 万亩(见表 7-1、表 7-2)。

(二)水土保持林和人工种草

林草植被是陆地生态系统的主体，具有保持水土、防风固沙、涵养水源、调节气候等功能。林草植被建设要充分考虑黄土高原气候干旱的实际，结合区域水资源条件安排生物措施。由于气候、地形、土壤等各种地理要素的综合影响，黄土高原地区的植被分布自西北向东南存在明显的地带性，大致分为草原植被带、灌丛草原植被带、乔木植被带。草原植被带年降水量小于 350 mm，气候干旱，主要进行种草、植灌；极度干旱、人烟稀少的地区，应加强对现有植被的保护。灌丛草原植被带年降水量 350～550 mm，属于半干旱地带，营造以灌木林为主的水土保持林。乔木植被带年降水量大于 550 mm，属于半干旱半湿润地带，可积极稳妥地发展乔木林。

近期规划在黄土高原地区营造水土保持林 6 257 万亩，人工种草 4 540 万亩(见表 7-1、表 7-2)。

(三)生态修复

在条件适宜地区，因地制宜地开展封育及保护，充分发挥植被的自我修复能力，达到改善生态环境，实现人与自然和谐共处的目的。

生态修复区主要分布在重点支流的上游。近期规划生态修复面积为 4 335 万亩，涉及青海、甘肃、宁夏、内蒙古、山西、陕西、河南 7 省(自治区)的 59 个县(旗、市)。

三、预防监督

(一)监督保护

黄土高原地区监督区总面积为 19.74 万 km²，主要包括项目建设开发区，以及工矿集中，对地表、植被破坏面积大，造成人为水土流失严重的地区。被列入国家重点监督区的有晋陕蒙接壤地区和豫陕晋接壤地区，面积为 8.7 万 km^2。

预防监督的主要任务是：全面开展水土保持预防监督管理规范化建设，加大预防监督工作力度，建立起预防监督基本运作机制，建立示范工程，全面实行监督管护责任制。近期规划在开发建设区建立 20 个工矿区恢复治理示范点，在国家级重点监督区建立 10 个监督示范区。

黄土高原地区保护区总面积为 13.38 万 km^2，范围包括潜在侵蚀危险区、水土流失轻度地区、森林水土流失区、草地水土流失区、农业区小片林地、草地和达到小流域治理标准的地区。被列入国家级重点保护区的有子午岭林区、六盘山林区，面积为 2.34 万 km^2。近期的主要任务是加强对现有水土保持设施的监督管护力度，防止人为破坏，保护好林草植被，建立健全管护组织，积极开展宣传工作。近期规划在黄土高原地区建立 60 个省级预防保护示范区、4 个国家级预防保护示范区。

(二)监测信息网络建设

水土保持监测的主要任务是监测水土流失面积、分布、流失量、流失发展趋势及危害、水土保持预防监督、治理开发情况及治理效果等，为水土流失预报、水土保持公告和各级领导及时、准确、科学决策提供依据。在重点治理区，着重监测小流域及沟道水文要素和水土保持设施、质量、效益；在保护区主要对植被面积、结构、总体效益和生态环境变化进行监测；在监督区重点对开发建设项目造成的人为水土流失面积、弃土弃渣位置、数量、造成危害和治理效果进行监测。

为实施黄土高原地区水土保持治理措施，必须建立高起点的水土保持监测与信息网络，该网络建设要与现有水文、水土保持等机构和设施相结合。

规划近期建设黄河水土保持监测终端站 1 个，中心站 1 个，省级监测站 7 个；在重点防治区域建设监测分站 36 个；在重点支流及黄河干流建设控制监测站 40 个，初步形成监测与信息网络体系，并实现全面监测预报和技术服务等工作。

第八章　防洪非工程措施及管理规划

第一节　水情测报及防汛通信信息网

一、水情测报

水情测报工作是防洪的耳目，是防洪非工程措施的重要组成部分。黄河流域现有基本水文站 338 处，水位站 74 处，雨量站 2 373 处，其中委属水文站 116 处、水位站 35 处、雨量站 774 处；黄河流域共有报汛水文站 202 处，水位站 29 处，雨量站 243 处，其中委属报汛水文站 109 处、水位站 28 处、雨量站 127 个。在 243 个雨量报汛站中，近 54%分布在小浪底至花园口之间；23.1%分布在龙门至三门峡区间；15.2%分布在河口镇至龙门区间；其余分布在河口镇以上地区。

水情测报工作存在的主要问题是：测验手段落后，设施不配套，洪水预见期短，交通、通信状况落后，支流缺少报汛水位站，水库报汛站少等。

结合当前和未来黄河防洪对水情测报的需要，针对黄河水情测报中的问题，充分考虑黄河水文特性，改进洪水测报手段，提高报汛站网结构与布局的合理性、实用性和经济投资上的合理性。对重要水文站的设施、设备全部进行更新和改造；对现有报汛站网的结构与布局进行调整与充实；积极引进和采用高新技术，建设黄河水情自动测报系统，建设黄河水文信息系统。

针对黄河水情测报中的问题，规划建设项目为：

(1)更新改造现有重要水文站的设施与设备；

(2)调整充实报汛站网的结构和布局；

(3)三门峡、小浪底库区和下游河道观测体系建设；

(4)气象水文情报预报系统建设；

(5)水情自动测报系统建设(主要是小花间、三花间)；

(6)水文信息系统建设。

二、防汛专用通信网

(一)现状及存在的主要问题

通信是黄河防洪非工程措施的重要组成部分，黄河下游现有防汛专用通信网主要为微波电路通信系统，包括郑州至三门峡、郑州至济南、济南至东营微波干线，省、地(市)、县河务局微波通信系统，以及三花间的水雨情报汛通信网。

现有通信网存在的主要问题是：

(1)微波电路话路容量小，大部分设备已使用7~14年，微波干线电路需要更新扩容；

(2)防汛信息数据传输的需求十分迫切，目前旧的交换网络已运行10年以上，设备落后，不能满足信息传递的需要，需更换和扩容；

(3)黄河小北干流河段没有防汛通信网；

(4)通信电源系统需进行改造；

(5)全河通信设备缺乏监测管理系统；

(6)应急通信能力差，防汛通信备件缺乏，抗击雷害能力薄弱。

(二)建设内容

主要建设内容包括以下几个方面：

(1)数字微波通信工程改造与调整：改造郑州—三门峡微波电路，更换22个主干线站的微波设备；

(2)程控交换机网络改造工程：对已到使用年限的程控交换机进行更换，规划期内达到使用周期的进行更换；

(3)黄河防汛光纤通信工程：沿黄河两岸大堤敷设24芯干线光缆800 km，另敷设600 km支线光缆；

(4)黄河防汛会商会议电视系统：规划建设三级网络，22个会议电视系统网员单位；

(5)上中游局等单位卫星平台：利用水利部建设的卫星通信网，解决黄河水利委员会与黄河上中游局，陕西、山西小北干流的通信问题；

(6)应急通信：配备应急通信车18辆，黄河防总2辆，山东、河南河务局各1辆，14个地(市)局各配备1辆；

(7)黄河上中游通信网多业务网络平台；

(8)黄河通信网配套电源改造工程39套；

(9)防汛通信物资储备；

(10)黄河通信网综合监测管理系统；

(11)通信站避雷系统；

(12)黄河小北干流通信工程；

(13)宽带综合业务交换机和计算机网络设备。

三、防洪信息网

黄河水利委员会先后建立了信息中心局域网、水文局局域网等，这些网络系统在黄河防洪工程中发挥了重要作用，特别是中芬合作项目完成的黄河防洪减灾计算机网络，把黄河主要防汛部门的计算机网络有机地结合起来，形成了黄河防汛信息网的雏形。

目前黄河防洪信息网存在的主要问题是：现有信息网不能满足防洪需要；网络服务功能少，缺乏信息资源的有效管理；网络带宽窄不能满足防汛对异地会商、动态图像传输、多媒体应用等功能的要求；网络安全性和可靠性差，没有采取必须的网络安全措施，网络设备、服务器、传输信道没有完备的备份手段等。

规划黄河防洪信息网建设的主要项目包括：

(1)局域网建设和完善。提高网络速度，完善已有计算机局域网，主要是黄委防汛大楼、水文局、河南局、山东局、水资源保护局、地(市)级河务局等单位的局域网。

(2)广域网建设和完善。建设并完善与山东局、三门峡枢纽局、故县枢纽局、信息中心等单位局域网的网络连接。建设和完善与水文分中心、工情分中心、水文站、县级河务局、九大重点水库的连接。

第二节　防洪决策支持系统

黄河水利委员会开发的"黄河防洪防凌决策支持系统"和"防洪调度和会商系统"，已用于防洪的会商和防洪调度预案及调度方案的编制。但这些系统均不具备对小浪底、三门峡、万家寨、刘家峡、龙羊峡等干流水库联合防洪、防凌的调度功能。为了更有效、更全面地支持黄河防洪决策的全过程，还需对已建系统的功能、性能及其开发运行环境进行完善、扩展和提高。

防洪决策支持系统建设的总体目标是：实时、完整地完成各类防汛信息的收集、处理和存储；进一步提高暴雨、洪水预报的精度和预见期。改善防洪调度应用系统功能，增强制订防洪调度方案的科学性和及时性；迅速和较为准确地预测下游滩区、滞洪区及库区灾情，及时进行灾情实况统计，并为制订迁安方案提供信息服务；对流域、各省级(含大型枢纽)、地(市)、县(区)四级防汛业务部门的决策提供信息支持。

防洪决策支持系统主要包括信息接受处理、气象水文预报、方案调度、灾情评估、险情抢护、防汛组织管理等 6 个子系统。同时补充完善黄河信息服务、防汛会商决策及黄河数据库管理系统中的相关内容。

(一)信息接收处理子系统

系统总体功能为：完成来自流域各有关水情、工情、分中心的实时水雨信息、实时工情险情信息和其他防洪信息的接收，检验纠错、处理分类、存储入库和转发报警等，实现接收、处理、储存、转发的自动化。

主要功能模块有：实时水雨情信息接收处理、实时旱情接收处理、实时工情险情信息接收处理。

(二)气象水文预报子系统

系统的功能是根据实时的雨水情信息和降雨预报过程，能够完成黄河中下游主要控制站和三门峡、陆浑、故县、小浪底水库的洪水预报，以及下游主要断面的水位试预报，结合专家经验和预报结果进行综合分析和多方会商，提出综合的洪水预报结果。暴雨洪水预报分为气象预报和水文预报两部分。

1. 气象预报

鉴于全球气候变暖，以及极端灾害性天气气候事件在未来有逐步上升的趋势，要加强与气象等部门的协作，研究气候变化、海平面上升和海岸侵蚀对防潮海堤、水土流失治理、山洪灾害防治和流域防洪的影响问题。提高暴雨预报的精度和改变预报产品的提供形式，以数值预报产品作为洪水预报模型的数据输入，使洪水预报由现有的从有效降水终止开始延伸到降水预报开始，及早做出洪水警报预报，增长中下游各站洪水预报的预见期，为防洪决策及其实施赢得时间，争取黄河防汛更加主动，减少洪灾损失。

提供短时或临近降水预报，预见期为 1~3 小时。利用雷达、卫星云图资料、雨量计观测资料建立面雨量估算模型，根据洪水预报的实际需要确定区域和时间间隔，作为洪水预报时后期降水参考信息，以增长洪水预报的预见期。

气象预报包括建设定量降水预报系统和气温预报体系、面雨量估算和面雨量短时预报系统。

2. 水文预报

主要是开发一套通用的水情信息处理系统，集值班平台、信息上网为一体；建设郑州预报中心和三门峡、济南预报分中心。加强产汇流规律分析，引进新技术，实现洪水预报的流动预报；利用 GIS 开发三花区间洪水预报系统，研制河口镇至三门峡区间重点区域降雨径流预报方案。

预报中心和分中心按不同的配置，建设预报作业平台和预报会商支持平台。

增加信息源与信息量，充分利用各类报汛资料、遥测资料、雷达探测资料和卫星探测资料，为水文预报提供基本保障；加强气象预报和水文预报的结合，根据气象预报成果及时进行洪水预报作业，增长洪水预报预见期；加强流域产汇流规律分析研究、特殊问题和关键问题研究，研制适合本流域特点的预报模型和方法，充实、修订洪水预报方案；研究、引进高新技术，提高生产水平，提高预报精度和预报时效。进一步开发完善洪水预报系统，达到功能齐全、先进实用、高效可靠的要求。

(三)防汛调度子系统

通过实时预报和历史的水雨工情信息的检索和分析，结合气象预报信息，进行防洪形势分析；用实测降雨预报洪水和模拟洪水，人机交互方式设定或修改防洪工程的运用参数，进行洪水水情仿真计算，据此拟定多个调度方案，再通过对各方案进行可行性分析和洪灾损失的初步估算，提出多种方案的综合评价和比较结果，提交会商讨论和决策。

(四)灾情评估子系统

灾情评估分为灾前评估、灾中评估和灾后评估。利用地理信息系统确定地面信息资料，利用遥感技术确定洪水淹没范围，在建立黄河下游滩区和滞洪区范围内的空间地理数据库和社会经济数据库的基础上，确定受灾范围和各类财产损失，结合最新的灾情评估研究方法，建立灾情评估系统。对防洪调度系统提出的不同调度方案可能发生的灾害损失进行对比分析，供会商决策参考。

(五)险情抢护子系统

根据堤防、河道整治、涵闸、护岸等工程的特点与隐患情况制订各类工程抢险预案，根据实测水情、河势流向变化情况和工程出险实况，并通过对险情发生、发展的监视，制订出工程抢护实施方案，为尽早恢复工程的防洪能力提供支持。

险情抢护子系统由工程险点、隐患变化分析；各类工程抢护预案制订；险情实况跟踪；险情统计；各类工程抢护方案制订；信息查询6个功能模块组成。

(六)防汛组织管理子系统

防汛组织管理子系统是防汛日常工作和洪水期间迫切需要的辅助工具，也将是使用频率最高的软件系统，主要包括人员管理、部门管理、抢险队伍管理、防汛文档管理、防汛物资管理、防汛组织管理、防汛经费管理、工程项目管理和值班日记等9项主要功能。

除上述6个子系统外，还需在黄河数据中心建设必要的相关数据库，对信息服务系统完善补充实时汛情监视功能、防汛信息查询功能、防汛信息发布功能及相关内容；同时完善会商支持系统中的暴雨洪水预报会商、防洪调度会商、工情险情会商等内容。

第三节　防汛机动抢险队

黄河现有防汛机动抢险队20余支，存在的主要问题有两个：一是机动抢险队数量少，规模小，很难满足大洪水时的抢险需要；二是机动抢险队配备的设备主要是挖、装、运、通信和照明设备，目前这些设备数量少且比较落后，经过多年使用，部分处于报废状态，满足不了抢险队快速、机动、高效的要求。

针对黄河防汛机动抢险队现状及目前防洪抢险的要求，本次规划建设黄河下游31支机动抢险队，其中新建11支，加强20支，每队编制50～80人。人员从现有职工中抽调。规划主要配备机械化抢险设备(如挖掘机、装载机、推土机、自卸汽车等)、通信设备(如指挥车、车载台等)、办公设备、生活保障(如生活车、炊具车等)、后勤保障、专用抢险机具(如抢险船、冲锋舟等)和其他辅助设备，规划期新增和更新机械设备3 160台(套)。

在禹潼河段、潼三河段各组建2支机动抢险队，人员从现有职工中抽调。配备各类抢险、交通等机械设备200台(套)。

为提高抢险人员业务水平，在掌握传统抢险方法的同时，不断学习现代抢险的新科技、新成果，需建立设施完备的防汛抢险培训基地，开展长期的抢险技术研究和培训。规划在黄河下游河段、禹潼河段、潼三河段建设黄河防汛抢险培训基地3处。

第四节　防洪工程及防洪区管理

一、防洪工程管理

黄河防洪工程管理的重点在黄河下游，由黄河水利委员会直接管理，此外，黄河水利委员会还承担着禹门口至潼关河段的防洪工程管理任务。其他管理任务主要由各省(自治区)水利厅承担。

黄河水利委员会在河南、山东两省均设有黄河管理机构，在所辖区域内行使黄河河道主管机关的职责。现有省河务局2个，地(市)河务局14个，县(区)河务局51个，闸管所13个，现有在职职工1.8万人。黄河下游渔洼以上河段防洪工程由国家统建统管，渔洼以下河口段由石油部门、水利部和山东省多方投资进行治理和管理。在目前市场经济条件下，河口投资和管理模式已不能适应当前的形势，在一定程度上制约了河口的治理，建议将河口河段纳入国家统一管理。

规划工程实施后，工程管理任务更为繁重，迫切需要加强管理设施的建设。根据黄河防洪的实际情况，规划安排主要建设项目为：工程养护设备建设、工程观测设施建设、防汛指挥调度中心建设、防汛职工生活基地建设、防汛物资仓库建设、宣传基地建设、工程管理房建设等。

二、防洪区管理

随着防洪从控制洪水向洪水管理转变，要切实增强系统观念和风险意识，加强防洪区的社会化管理，规范人类社会活动，从试图完全消除洪水灾害转变为承受适度的风险，制定合理可行的防洪标准、防御洪水方案和洪水调度方案，综合运用各种措施，确保标准内防洪安全，遇超标准洪水把损失减少到最低限度。

(一)防洪区划分

防洪区是指洪水泛滥可能淹及的地区，包括防洪保护区、蓄滞洪区和行洪区。

1. 防洪保护区

防洪保护区是指在防洪标准内受防洪工程设施保护的地区，黄河流域防洪保护区面积 15.5 万 km^2。对黄河下游而言，防洪保护区是指现行河道不发生改道的情况下，堤防决溢洪水可能淹没的范围。左岸防洪保护区为黄河左岸大堤以北，漳河、卫运河及漳卫新河以南地区，右岸防洪保护区为黄河右岸大堤以南，淮河以北颍河以东地区。两岸保护区总土地面积约 12 万 km^2，涉及河南、山东、安徽、江苏和河北等 5 省的 110 个县(市)。保护区内有人口 9 064 万人，耕地 1.1 亿亩。

2. 蓄滞洪区

蓄滞洪区是指包括分洪口在内的大堤背河临时滞蓄洪水的低洼地区及湖泊等。黄河下游主要包括东平湖滞洪区、北金堤滞洪区。

东平湖滞洪区总面积 627 km^2，其中老湖区面积 209 km^2，新湖区面积 418 km^2；设计分滞黄河洪量 17.5 亿 m^3，同时还要滞蓄汶河洪水。区内有人口 33.81 万人(老湖区 12.38 万人，新湖区 21.43 万人)，耕地 47.7 万亩(老湖区 10.1 万亩，新湖区 37.6 万亩)。

北金堤滞洪区位于左岸临黄堤与北金堤之间，面积 2 316 km^2，涉及豫、鲁两省 7 个县(市)，67 个乡，2 154 个自然村，人口近 170 万人，耕地 240 万亩。

3. 行洪区

对黄河下游而言，行洪区就是指孟津白鹤以下至入海口河道两岸堤防和山地丘陵约束内的滩区。黄河下游河道长 878 km，滩区面积 3 956 km^2，现有村庄 2 071 个，人口 179.3 万人，耕地 375 万亩，其中封丘倒灌区有村庄 240 个，人口 20.05 万人，耕地 40 万亩。

(二)防洪区管理与洪水保险

1. 防洪区管理

防洪区管理包括防洪保护区、蓄滞洪区、行洪区(滩区)的管理。黄河下游防洪保护区分布在黄河流域外，属于淮河、海河流域，考虑到黄河下游的防洪标准高于淮河、海河流域，黄河部门管理权限主要是滞洪区和滩区，对防洪保护区不做过多的防洪管理和发展限制。主要是搞好汛期洪水及决口后可能淹没范围的发布，供保护区内经济发展及防洪安全参考。重点搞好下游滩区和滞洪区的管理。

黄河下游滩区、滞洪区安全建设实行统一管理与分级、分部门管理相结合的原则。按照国务院《关于蓄滞洪区安全与建设指导纲要》精神,黄河河务部门负责安全建设的宏观管理和技术指导;地方人民政府负责实施和工程的管理。各区内的大中型建设项目,建设单位必须按统一要求自行安排可靠的防洪避洪措施。为加强黄河下游滩区、滞洪区安全建设与管理工作,根据国务院批准的《关于蓄滞洪区安全建设指导纲要》的有关规定,结合黄河实际情况,黄河水利委员会于 1995 年以黄河务[1995]9 号文下发《黄河下游滩区、滞洪区安全建设与管理若干规定》,主要包括行、滞洪区管理工作;改善行、滞洪区的生产条件;做好群众保安工作;合理补偿行、滞洪后群众的损失;开展洪水保险;实行防洪基金制度及实行特殊优惠政策;安排好行、滞洪区群众生活等七部分内容。

小浪底水库运用后,东平湖滞洪区是设防标准内洪水必须运用的滞洪区,运用几率较高;北金堤滞洪区是处理超标准洪水的临时分洪措施,运用几率接近 1 000 年一遇。今后滞洪区防洪管理的重点是东平湖滞洪区。

滞洪区主要管理工作如下:

一是实施土地利用和产业活动限制。在滞洪区内建设非防洪建设项目,工程建设项目应满足滞洪要求,就洪水对建设项目可能产生的影响和建设项目对防洪可能产生的影响作出评价,编制洪水影响评价报告,报请黄河水利委员会审查批准。各项开发建设项目均应按《中华人民共和国防洪法》(以下简称《防洪法》)规定,实施洪水影响评价及审批制度。

二是加强滞洪区运用管理。加强通信、预警、预报和安全避险措施的管理,编制不同标准洪水的滞洪方案,保证滞洪区的正常使用。根据有关制度办法,建立滞洪区财产登记制度,实行滞洪区财产的动态管理,研究制定滞洪区运用的灾情评估方法,合理补偿滞洪区内居民因滞蓄洪水遭受的损失。建立滞洪区群众的扶持和补偿、救助制度,制定滞洪区分洪运用与补偿救助管理办法。

三是加强宣传和通告。应建立定期宣传制度,对国家批准的防洪规划、分洪滞洪的必要性、不同区域的安全避险措施、滞洪区有关的人口控制、土地利用和各项建设的有关法令、政策等进行宣传。对滞洪区运用标准、洪水重现期、淹没范围、淹没水深、高程,就地避险和撤离措施安排,撤离安置计划、线路、工具等事项,由当地人民政府发布通告。为明确滞洪区管理的权限和责任,应抓紧进行有关政策法规的完善。

对行洪区,重点搞好以下两项工作:

一是滩区安全建设。黄河下游滩区既是行洪排沙的通道，又是滞洪滞沙的重要场所，然而滩区又居住有 170 多万人，群众安全建设是一项艰巨任务。防洪规划提出外迁、就地避洪、临时撤离三种安全建设方案，河南、山东两省应按照防洪规划的要求，制订滩区安全建设实施计划，并控制滩区人口增长。

二是建立年度清障监督核查制度。对行洪区的人工阻水障碍物的清除，应严格按照《防洪法》中"谁设障、谁清除"的原则，由防汛指挥机构责令限期拆除。为保障行洪畅通，对黄河下游河道，建议建立年度清障督察制度，每年汛前由河道管理部门对清障实施情况进行监督核查。

在加强防洪区管理的同时，还要注重规划保留区的管理。

根据防洪工程建设规划，黄河下游堤防的规划保留区沿堤线背河侧预留 500 m 范围，以利于今后的相对地下河建设；险工、控导工程按 200 m 宽预留规划保留区。根据《防洪法》，在防洪规划审批后，尽快与有关部门核实划定规划保留区，并予以公告。

规划保留区是防洪规划确定的河道整治计划用地，规划建设的堤防用地以及扩大或者开辟的人工排洪通道用地范围内的土地，不得建设与防洪无关的工矿工程设施。

2. 洪水保险

洪水保险属于非工程防洪措施的范畴，是洪水风险管理的重要手段。实施洪水保险，可以在时间与空间上分担特大水灾的风险，增强社会总体承灾能力。由于洪水保险问题复杂，涉及领域众多，目前黄河流域还未开展真正意义上的洪水保险。

为开展洪水保险工作，在逐步探索符合黄河流域特点的洪水保险机制的基础上，近期开展技术保障和实施管理保障的研究，工作的重点是编制符合流域特点、符合流域洪水调度管理的洪水风险图和洪灾损失风险图；远期在国家制定相关政策、法规、办法的基础上，开展以黄河下游滩区、滞洪区为重点的洪水保险试点工作。

三、洪水调度管理

自 1985 年国务院批复《黄河特大洪水防御方案》以来，在黄河特大洪水防御工作和小浪底工程兴建等方面发挥了重要作用，随着小浪底水库投入运用，黄河防洪减淤工程体系的初步建成，黄河洪水的调度管理到了一个新的阶段。

根据黄河防洪的实际情况，黄河的洪水调度管理重点考虑两个问题。一是既要包括大洪水或特大洪水调度方案，也要包括中常洪水调度方案。二是黄河洪水调度方案必须综合考虑黄河泥沙问题，实施水沙联合调度。为协调防洪与水资源利用和水生态环境改善等，防洪调度还要考虑黄河水量统一调度，维持黄河不断流；为提高水资源利用率，防洪调度还要在保证工程安全的前提下，开展分期洪水研究工作，为实施洪水资源化调度管理打好基础。

洪水调度管理的重点是中游的三门峡、陆浑、故县和小浪底四库的联合调度。

(一)三门峡、陆浑、故县和小浪底水库防洪调度

三门峡水库防洪调度重点是防御特大洪水，调度原则是小浪底初步设计拟定的对"上大洪水""先敞后控"，对"下大洪水"适时控制。近期应严格按水利部确定的调度水位运行，非汛期控制水位不超过318 m，汛期水位控制在300～305 m，一般洪水时敞开闸门泄洪，以利于水库的排沙和潼关高程的降低。

陆浑、故县、小浪底水库总体上按照初步设计阶段确定的水库及滞洪区联合调度方式运用。对小浪底水库，近期应严格按照《小浪底水利枢纽拦沙初期运用调度规程》调度运用，统筹考虑水库防洪安全与黄河下游滩区防洪安全，不能突破水库水工建筑物安全运用的控制水位，避免出现溃坝导致的毁灭性灾难。随着治黄理论体系的逐步建立和治黄实践的不断深入，还要结合三门峡水库运用方式、小浪底水库运用方式、分期洪水与洪水资源化研究等的最新研究成果，不断完善水库调度方案。

同时，上述水库还是黄河水沙调控体系的关键工程，为统筹解决黄河洪水、泥沙问题，还要协调好防洪调度与调水调沙的关系。

(二)上中游龙羊峡、刘家峡、万家寨等水库的防洪调度

龙羊峡、刘家峡水库在极大地缓解宁蒙河段防洪防凌压力的同时，由于改变了宁蒙河段的水沙过程和年内分配，也引起河道逐年淤积、主槽萎缩、中小洪水水位明显抬升等新问题，应尽快明确龙羊峡、刘家峡水库解决宁蒙河段防洪、防凌、泥沙淤积问题的任务，并相应制定龙羊峡、刘家峡等水库调度原则、规程等。

作为黄河水沙调控体系的重要组成部分，黄河上中游的龙羊峡、刘家

峡、万家寨等水库还要统筹考虑黄河的调水调沙总体调度。

第五节　加强水资源统一管理，确保河道输沙用水

一、输沙用水需求分析

黄河是一条多沙河流，黄河的水沙特点是"水少沙多、水沙关系不协调"，黄河的水沙特点决定了黄河下游是一条堆积性的河流，下游河道多年平均淤积泥沙 3 亿～4 亿 t。

据多年的研究成果，黄河下游河道的输沙用水与来水来沙条件、要求控制的下游河道淤积水平和水库调水调沙方式关系密切。

根据以往研究，在下游河道来沙 13 亿～14 亿 t，小浪底水库运用以前，下游河道淤积 3.8 亿 t 的情况下，需要年平均输沙入海水量 240 亿 m^3，汛期为 150 亿 m^3；为了保持下游河道较大的输沙能力，不致发生严重淤积，最小年平均输沙入海水量不小于 200 亿 m^3，汛期不小于 120 亿 m^3。

小浪底水库投入运用以后，水库初期拦沙和调水调沙运用，下游河道发生冲刷，为达到设计的冲刷减淤量，需要一定的入海水量；水库后期蓄清排浑、调水调沙运用，下游河道开始回淤，为减少下游河道淤积，仍需要一定的输沙水量。根据黄河小浪底水利枢纽工程设计，采用的平均来沙量为 12 亿～14 亿 t，多年平均安排入海水量 200 亿 m^3，其中汛期 150 亿 m^3，则小浪底运用前期下游河道冲刷、后期回淤，在第 20 年左右达到冲淤平衡，下游河道不抬高；20 年后，若水沙调控体系没有重大变化，下游河道仍将继续淤积抬升，年均淤积量在 3 亿 t 左右。

2030 年和 2050 年水平，如果碛口和古贤水库投入运用，与小浪底水库联合调度，为了达到输沙和减淤的目的，控制黄河下游河道淤积抬升速度、保障黄河长治久安，汛期入海水量仍应维持一定水平。考虑水土保持减水减沙作用，2010 年、2030 年、2050 年下游河道的汛期低限输沙水量多年平均应维持在 130 亿 m^3、120 亿 m^3、110 亿 m^3。

二、工农业用水大量挤占河道输沙用水

黄河水资源的开发利用，为流域经济社会发展发挥了巨大效益。但随着经济社会的发展，黄河流域国民经济各部门用水量不断增加，大量挤占

河道内生态环境用水。据统计，黄河流域 20 世纪 50 年代耗水量为 122 亿 m³，而 90 年代总耗水量达到 307 亿 m³，增长了近 3 倍。加之天然径流的衰减，使下游输沙水量难以保证，入海水量锐减。以下游利津水文站为例，20 世纪 50 年代、60 年代全年入海水量分别为 481 亿 m³、501 亿 m³，分别占同期天然径流量的 81% 和 82%，其中汛期入海水量分别为 299 亿 m³ 和 291 亿 m³；90 年代全年入海水量 119 亿 m³，仅占同期天然径流的 27%，特别是汛期入海水量大幅减少，仅有 75 亿 m³，较 50 年代下降了 75%，仅占上述分析的汛期输沙需水量 150 亿 m³ 的 50%。输沙水量锐减，导致主槽淤积增加，平滩过流能力减小，防洪形势更加严峻。黄河流域不同年代国民经济用水及入海水量见表 8-1。

表 8-1　黄河流域 20 世纪不同年代耗水量及入海水量 （单位：亿 m³）

时段	耗水量	入海水量		
		全年	汛期	非汛期
50 年代	122	481	299	182
60 年代	178	501	291	210
70 年代	250	311	187	124
80 年代	296	286	190	96
90 年代	307	119	75	44

黄河流域大部分位于我国中西部地带，土地资源丰富，矿产资源尤其是能源和有色金属资源优势明显，具有巨大的发展潜力。随着西部大开发战略的实施，黄河流域必然会成为 21 世纪经济发展的重点区域，相应国民经济各部门用水量也将进一步增加，若不进行有效的水资源统一调度和管理，输沙用水更加难以保障，河道淤积也必将进一步加剧。

三、加强全河水资源统一管理

21 世纪，根据治黄新的目标和任务，应建立适应黄河特点的水资源管理体制，联合运用经济、技术、行政、法律手段，强化管理，优化分配，统一调度干流和重要支流上的大型骨干水利工程，确保输沙用水等河道内生态环境用水量，使有限的黄河水资源更好地为维持黄河健康生命和沿黄地区国民经济社会发展服务。

第一，要加强计划用水和取水许可总量控制制度，在南水北调工程生效前，各省(自治区)必须严格依据 1987 年国务院批准的《黄河可供水量分配方案》及 1998 年国家计委和水利部颁布实施的《黄河可供水量年度分配及干流水量调度方案》中确定的控制指标，制订本省区国民经济和社会发展的用水计划，并确保实际用水不超过用水计划。在南水北调工程生效后，统筹考虑全河水资源形势，各省区供水指标也将进一步调整，并仍将成为各省区用水的基本控制依据。

第二，要积极推广各种节水技术和措施，建立节水型社会。建立用水定额管理制度，各省区水行政主管部门要会同其他行业主管部门尽快制定行业用水定额标准，经批准的用水定额作为审批建设项目许可水量和用水户年度用水指标的依据之一。采取强制节水措施，取水人在申请新建取水工程时，必须进行水资源论证和采取相应的节水措施和节水设施。实行节水激励机制，发挥水价对节约用水的经济杠杆调节作用。

第三，充分利用经济手段，调节水资源的供求关系。合理核定供水水价，工业和生活用水水价要尽快到位；农业用水水价要根据农民的承受能力，逐步到位。逐步推行基本水价和计量水价相结合的两部制水价。根据各行各业用水定额，定额内实行基本水价，超定额部分实行超额累进加价制度。对超计划用水，也要实行累进加价收费制度。

第四，要建立完备的黄河水资源管理法律体系，加快法规建设步伐，运用法律手段规范、保障和约束各项水事活动，提高全社会的水法律意识和水法制观念，实施以法治黄，使黄河的治理与管理纳入法制轨道。尽快出台《黄河水量统一调度条例》、《黄河法》等法律法规，使黄河水资源的统一调度管理有法可依。

第六节　防洪政策法规研究

黄河水少沙多，下游是举世闻名的地上悬河，与其他江河相比，河情十分特殊，是世界上最难治理的河流，防洪减淤任务艰巨。黄河水资源贫乏，供需矛盾十分突出，国民经济与生态环境之间、地区间和部门间用水矛盾尖锐，水土流失及水环境污染严重。除害与兴利、整体与局部以及上下游、左右岸关系极为密切。而且参与黄河治理开发的地区、部门众多，要求不一，关系协调和利益调整非常复杂，水事问题相对其他河流更为突出，必须依法加强黄河流域的统一规划、管理，统筹协调各方面的关系。由于流域机构法律地位不明确，缺乏有效的行政监督和经济调控手段，难以有效协调、解决黄河治理开发中遇到的诸多问题，急需依法建立起新型的流域管理体制。因此，迫切需要加快黄河立法进程，尽快制定既体现水法一般原则又体现黄河特点的专项法律，以进一步规范和调整黄河治理开发中各方面的关系，保障黄河治理开发健康有序地进行。

黄河下游滩区地理位置独特，现行"一水一麦"相关政策已不适应滩区经济社会发展要求，一方面导致滩区灾害频频，滩区经济发展滞后；另一方面是滩区生产堤废而不除、禁而不止，滩区的生产与防洪安全矛盾重重。2003年秋汛甚至影响小浪底水库的正常调度运用，威胁下游防洪整体安全。而目前的滩区安全建设仅仅是着眼于滩区群众生命、财产安全，急需制定合理的滩区补偿运用政策。基于黄河下游滩区现状格局系黄河摆动改道所致，从建设小康社会，促进滩区社会经济发展角度来讲，按照"社会公正、风险公平"，规划建议对黄河下游滩区参照执行《蓄滞洪区运用补偿暂行办法》，对黄河下游滩区运用进行补偿。

同时，目前黄河现有的防洪政策法规存在政策法规不完善，约束力不强、执行力度不够等问题。

针对政策法规保障体系不完善的问题，规划在加快《黄河法》、《黄河水量统一调度条例》立法进程、抓紧研究《黄河下游滩区运用补偿政策》研究的基础上，还需要加强防洪区政策法规研究，规划制定和完善的政策法规包括：行洪区(河道)、规划保留区管理条例，滞洪区运用补偿细则，有关的投资、收费政策，工程管理政策，防洪(凌)调度政策，黄河防汛料物储备政策，防汛机动抢险队政策，枢纽管理政策，黄河防洪工程建设管理政策，通信保障政策，信息服务政策及水文建设政策等。

针对政策法规执行中存在的问题，规划通过加强水政执法队伍建设，逐步实现执法队伍专职化、执法管理目标化、执法行为合法化、执法文书标准化、考核培训制度化、执法统计规范化、执法装备系列化、检查监督经常化，为黄河防洪提供有力保障。

第七节　治黄前期工作和科学技术研究

为保障规划项目的顺利实施，按照"维持黄河健康生命"治河新理念，积极开展治黄重点项目的基础工作和前期工作，做好防洪技术和项目储备。对黄河防洪中的关键问题，组织多部门、多学科联合攻关，推广应用科学技术特别是高新技术，提高治黄科技含量，逐步实现治黄现代化。

根据黄河防洪治理的要求，安排的基础工作主要有堤防工程地质勘测、河道地形测量、水准点改造、黄河科学研究基地建设等。

按照国家基本建设程序，统筹安排各项前期工作。搞好规划安排的重大治黄措施的前期工作，继续开展黄河下游等重点河段的防洪工程可行性研究。抓紧开展古贤水利枢纽、河口村水库、南水北调西线一期工程的前期工作，为工程早日开工建设创造条件。适时开展碛口等水利枢纽的前期工作。

进一步做好黄河自然规律等基础性课题研究和治黄战略性课题研究。继续完善黄河下游河道治理方略，继续开展小浪底水库运用方式研究及对下游河道影响分析、黄河下游长远防洪形势及对策研究、黄河下游河道减淤措施研究、黄河河口综合治理规划、黄河下游滩区综合治理规划、黄河小北干流放淤规划；强化控制潼关高程措施的研究、下游堤防和河道整治工程新结构、游荡性河道整治方案的研究；抓紧开展黑山峡河段开发方案论证、黄河干流骨干工程开发次序及开发时机论证；加强"原型黄河"监测体系和预报技术的研究，加快"模型黄河"和"数字黄河"的研究和建设。

第九章 环境影响评价

第一节 环境保护及控制目标

一、环境保护目标

(1)提高黄河流域防御洪水的能力，改善城乡人民生产生活环境，保护人民生命财产安全,为流域国民经济和生态环境可持续发展提供安全保障。

(2)黄河流域水资源短缺，水资源供需矛盾突出，水污染严重，防洪工程的修建要有利于缓解水资源供需矛盾严峻的形势，有利于水环境的改善。

(3)黄河中下游河道及河口地区分布了 3 个省级、2 个国家级湿地自然保护区，防洪规划的实施过程中，必须防止湿地保护区受到破坏。

(4)防洪工程特别是防洪水库的建设，将占用和淹没土地，造成居民搬迁，在实施过程中要做好移民安置规划，改善和提高受影响居民的生产生活水平。

(5)黄河下游沿岸分布有大量的村庄和居民，防洪工程施工过程中，要尽量避免对居民和生态环境产生影响。

二、污染及生态控制目标

(1)水环境。工程施工期废污水排放执行《污水综合排放标准》(GB 8978—1996)相应级别标准。

(2)声环境。工程建设附近城镇居民执行《城市区域环境噪声标准》(GB 3096—93)I 类标准；施工建设中应严格执行《建筑施工厂界噪声限值》(GB 12532—1995)。

(3)空气环境质量。施工期大气污染物排放执行《大气污染物排放标准》(GB 3095—1996)相应级别标准。

(4)保护各工程建设区的生态环境，维护建设区内动植物的生长生活习性，恢复工程建设扰动的地貌景观。

第二节　环境现状

一、自然环境概况

黄河流域面积79.5万 km²(包括内流区4.2万 km²),干流河道全长5 464 km。黄河流域幅员辽阔,西部属青藏高原,北邻沙漠戈壁,南靠长江流域,东部穿越黄淮海平原。流域内气候大致可分为干旱、半干旱和半湿润气候,西部、北部干旱,东部、南部相对湿润。全流域多年平均降水量452 mm。

黄河的突出特点是"水少沙多、水沙关系不协调"。黄河多年平均天然径流量580 亿 m³,属资源性缺水流域。中上游黄土高原水土流失十分严重,水土流失面积达 45.4 万 km²,大量的泥沙输入黄河,多年平均输沙量达16 亿 t, 平均含沙量 35 kg/m³,造成黄河河道淤积严重,下游河道成为举世闻名的"地上悬河"。

黄河水系污染总体较重,175 个水质监测断面中,Ⅴ类和劣Ⅴ类水质断面占62.9%,其中干流断面29 个,Ⅱ、Ⅲ、Ⅳ、Ⅴ类、劣Ⅴ类水质断面比例分别为 13.8%、3.4%、44.8%、10.3%和 27.6%。主要污染指标是溶解氧、高锰酸盐指数、生化需氧量、挥发酚和石油类。

黄河流域位于我国中西部,境内地势起伏剧烈,地貌类型多样,生态环境十分复杂,为各种植被类型的发育创造了条件,自东向西共跨越四个植被带,即落叶阔叶林地带、草原地带、荒漠地带和青藏高原植被带。

由于黄河河道的频繁摆动,在中游小北干流、黄河下游及河口地区形成了大面积湿地,大量的水禽和候鸟在此栖息,已建有山西运城、陕西三河、河南开封柳园口 3 个省级自然保护区和河南黄河湿地、黄河三角洲湿地 2 个国家级自然保护区,保护对象为湿地生态系统和水禽。

二、社会环境概况

黄河流域涉及青海、四川、甘肃、宁夏、内蒙古、山西、陕西、河南、山东 9 省(自治区)的 340 个县(市、旗)。2005 年人口 11 275 万人,耕地 24 362 万亩,GDP 12 150 亿元。流域战略地位重要,区位优势明显,土地、矿产资源特别是能源资源十分丰富,生产潜力巨大,在国民经济发展的战略布局中,具有承东启西的重要作用。

黄河下游防洪保护区面积约 12 万 km²，涉及河南、山东、安徽、江苏和河北等 5 省 110 个市、县，主要为淮河、海河流域。区内人口 9 064 万人，耕地 11 193 万亩，GDP 10 615 亿元，是我国重要的粮棉基地之一。区内还有石油、化工、煤炭等工业基地，在我国经济发展中占有重要的地位。

三、主要生态环境问题

黄河流域存在的主要生态环境问题：一是洪水泥沙灾害威胁严重；二是水资源供需矛盾突出，输沙用水不足，河槽萎缩；三是黄土高原水土流失严重，导致河道严重淤积，区域生态环境恶化；四是水污染日趋严重，流域生态环境恶化。

第三节　环境影响评价

一、规划工程影响分析

防洪工程为除害兴利工程，目的是提高流域的防洪标准，减轻或消除洪水灾害，具有巨大的社会效益、经济效益和生态效益。

规划的工程项目包括堤防建设、河道整治及护岸工程、挖河固堤、防洪水库建设、滩区安全建设、滞洪区建设、水土保持、城市防洪、病险水库除险加固，以及非工程措施建设等，上述工程均为非污染生态项目，工程兴建不会对环境质量产生不利影响。规划工程区除局部涉及湿地保护区外，基本没有环境敏感目标，工程兴建的环境限制因素较少。

防洪工程的实施在带来巨大效益的同时，也会产生负面影响，如水库淹没影响、工程施工影响、工程建设对湿地的影响、截渗墙建设对地下水的影响等，但这些影响都是短期的和局部的，通过采取措施可以减缓或消除。

二、防洪规划环境影响

(一)有利影响

1. 提高防洪标准，保障社会经济可持续发展

黄河流域防洪规划项目实施后，将产生巨大的经济效益、社会效益和

生态环境效益。将初步建成黄河防洪减淤体系，避免设防标准以内的洪水造成的重大灾害和常遇洪水的紧张抢险局面，遇超标准洪水也可把洪水灾害降低到最低程度。保障黄河下游 12 万 km² 防洪保护区内 9 064 万人民生命财产安全，避免城镇、工业、交通干线、灌排渠系、生产生活设施遭到毁灭性破坏，避免堤防决口对生态环境造成的长期不利影响，为经济社会可持续发展提供防洪安全保障。上中游干流及主要支流的防洪工程将达到国家规定的标准，有效保障宁蒙平原、关中平原、汾河盆地等广大平原地区及河谷盆地的防洪安全，为两岸人民建设一个较为安定的生产和生活环境。防洪任务较重的沿河 8 座省会城市及 6 座重要地级市的防洪标准将全部达标。84 座病险水库得到除险加固，保障水库下游地区的安全。

2. 增加水资源的调节能力，有利于缓解水资源的供需矛盾

古贤水库总库容 153 亿 m³，拦沙库容 104.5 亿 m³，长期有效库容 48.5 亿 m³，防洪库容 35 亿 m³；河口村水库总库容 3.47 亿 m³，长期有效防洪库容 2.39 亿 m³。水库在承担防洪任务的同时，可以对水资源进行调节，增加枯水期水量，缓解水资源的供需矛盾，改善下游用水条件。

多水库的运用，使调水调沙更加灵活和有效，加上河道整治工程的建设，更有利于下游中水河槽的塑造，提高河道的过流能力，减轻滩区人民的洪灾损失，有利于维持河流的健康生命。

3. 增加植被覆盖，改善区域生态环境

黄河下游地区为多风沙地区，标准化堤防工程建成后，将新增防浪林 1 060.90 km、淤区生态林 1 185.6 km，植被带宽度达 150 m 以上，在提高防御洪水能力的同时，将大幅度提高堤防区域植被覆盖，有利于防风固沙、改善小气候和区域生态环境，黄河大堤将作为亮丽的生态景观，成为人们休闲娱乐的场所。

4. 减少水土流失，保持生态环境的良性循环

淤地坝和坡面治理工程的实施，将大幅度减少入黄泥沙，减缓下游的淤积。

水土保持规划的实施将产生较大的经济效益、广泛的社会效益和良好的生态效益。使治理区水土资源得到合理的开发和利用，有利于促进当地经济的发展，使治理区群众生活实现小康；林草工程的建设，使林草覆盖率大幅度提高，在减轻治理区水土流失危害的同时，涵养水源，调节小气候，有效抑制干旱、风沙、洪涝等自然灾害，改善生态环境。

5. 有利于黄河三角洲湿地的保护和稳定

黄河三角洲湿地是世界上最年轻的湿地之一，蕴藏有丰富的生物资源，对维护区域生态稳定具有重要的价值。黄河中下游防洪工程的实施，有利于河道的稳定，增大河道的输水输沙能力，增加河口的水沙量，有利于减缓黄河三角洲湿地的蚀退，增加湿地面积，保持湿地的相对稳定。

6. 社会环境及人群健康得到保障

防洪工程实施后，流域内防洪体系更加完善，各保护区遭遇洪水的频率降低，增强了人民群众免受洪灾侵袭的安全感，减少了社会的不安定因素，避免由洪灾诱发的各种疾病流行，保障防洪区内人民群众的健康。

(二)不利影响

1. 工程占地影响

工程占地主要为堤防加高加固、河道整治及护岸工程、河口治理等河防工程建设，以及滩区安全建设和滞洪区建设等用地。土地占用将不可避免地带来移民搬迁和生产安置，将对项目区居民的生产和生活产生影响，处置不当可能降低受影响居民的生活水平和经济收入。但由于防洪工程战线长、相当分散，项目涉及沿黄区域，工程占用土地面积占总面积的比例并不大，移民安置难度相对较小，采取适当的措施后，不利影响可以得到减缓和消除。

2. 工程施工影响

在施工期间，会产生一定量的废水、废气、废渣和噪声，对空气、水质、土壤和周围环境产生短期不利影响。

工程施工生产、生活用水由黄河直接提取或由水井提取，除部分消耗掉以外，绝大部分变为废水排出，这些废污水若不经过处理直接排入河道，对水质将产生一定的影响。黄河近年来的污染情况呈上升趋势，水体的纳污能力下降，施工期生产废水和生活污水有可能加重河流的水质污染。因此，从控制污染物总量的方面出发，施工期间应尽量节约用水，并加强废污水的排放管理和水质监测工作。

施工期的废气主要来自机动车辆及大型施工机械燃油和生活燃煤。油和煤燃烧将产生大量的有害气体和悬浮固体颗粒。由于施工场地大多平坦开阔，有毒有害气体容易扩散，对环境的影响轻微。机械车辆交通运输会产生大量的扬尘，可能对附近居民和农作物产生影响，需要采取洒水降尘措施。

在施工期间，各种机械设备的运转、机动车辆的行驶等是产生噪声的主要来源。噪声会对居民和湿地水禽产生影响，在施工过程中，应当科学安排施工时间和工期，消除或减轻噪声影响。

施工期间还会产生一些固体废弃物和生活垃圾，对这些人为产生的废渣不要乱堆乱放，也不要倾倒在河道或滩地上，尽量做掩埋处理，以免对环境产生不良影响。

防洪工程的施工是短期的，且由于工区分散，规模不大，通过合理布局，科学安排施工进度，施工对环境的不利影响可以控制在一定的范围和时段之内。

3. 对湿地生态环境的影响

黄河中下游和河口地区分布有山西运城、陕西三河、河南开封柳园口3个省级自然保护区和河南黄河湿地、黄河三角洲湿地2个国家级自然保护区，保护对象为湿地生态系统和水禽。防洪工程部分项目位于保护区内，其中一小部分河道整治和险工加固改建工程位于保护区的核心区内，工程施工将对湿地保护区产生一定的影响和干扰。由于保护区内的规划工程为已有工程的续建或改建，工程建设本身对保护区的生态要素基本不产生影响，只是在工程施工期间，有可能对水禽和湿地产生影响，但影响范围和时段是有限的，可以采取措施加以减缓或消除。

4. 对地下水的影响

放淤固堤施工期间，若防渗排水不当，可能造成淤区附近地下水位的上升，对附近居民的生产生活产生一定的不利影响。采取适当的防渗和排水措施后，可以将不利影响降低到最低限度。

5. 水土流失影响

工程施工期间，特别是放淤工程施工期间，造成大面积的地表裸露和破坏。防洪建筑物的拆除将产生一定量的弃渣，处置措施不当会造成水土流失和风沙危害，施工期间需要采取临时覆盖和洒水降尘措施。

第四节　综合评价及对策建议

一、综合评价

(一)主要有利影响

(1) 黄河流域防洪规划的实施，将进一步完善黄河下游防洪减淤工程体系，确保设防标准内洪水不决口，保障黄河下游人民生命财产安全，避免生态环境灾难的产生。上中游防洪河段的洪凌灾害将得到有效控制。

(2)防洪水库建设在提高防洪能力的同时，巨大的库容有利于水资源的合理调度，缓解下游断流威胁。多水库的运用，使调水调沙更加灵活和有效，加上河道整治工程的建设，更有利于下游中水河槽的塑造，提高河道的过流能力，减轻滩区人民的洪灾损失，有利于维持河流的健康生命。

(3)标准化堤防建设营造的防浪林、淤区生态林，在提高防御洪水能力的同时，将大幅度提高植被覆盖度，有利于防风固沙、改善区域生态环境，黄河大堤将作为亮丽的生态景观，成为人们休闲娱乐的场所。

(4)水土保持规划的实施，在减少入黄泥沙的同时，将极大地改善黄土高原地区的生态环境，提高当地人民的生活水平。

(二)主要不利影响

(1)工程建设和水库淹没将占用大量的土地，导致移民搬迁，对当地社会和经济建设产生不利影响，带来一系列的社会和生态问题。

(2)工程施工期间产生的废水、废气、噪声和固体废物将对区域环境质量产生不利影响。

(3)黄河中下游河道内分布有大量的湿地，防洪工程的建设和施工，将对湿地及在湿地内栖息的水禽产生不利影响。

(三)综合评价结论

防洪工程为非污染生态项目，工程兴建不会对环境质量产生不利影响。规划工程区除局部涉及湿地保护区外，基本没有环境敏感目标，工程兴建的环境限制因素较少。

防洪工程建设将产生巨大的社会、经济和生态环境效益，有利影响是主要的，不利影响可以采取措施加以减缓，从环境角度分析，没有制约防洪工程建设的重大环境因素。

二、对策建议

(1)由于黄河流域防洪规划涉及项目类型多、范围广，规划阶段仅对主要的项目，针对主要的环境问题进行了环境分析，还有一些可能的环境影响没有被揭示，需要在项目的实施过程中针对具体项目和具体的工程，开展更为详细的环境评价。

(2) 工程建设将占用大量的耕地。规划实施过程中，应进行优化，尽量减少工程占地(尤其是耕地)和施工临时占地。安置过程中，应进行环境容量分析，制定完善的移民安置规划，妥善安置移民的生产和生活。

(3)涉及湿地保护区的规划项目实施过程中，应制定严格的湿地水禽保护措施，施工过程中严禁在核心区排放污染物，禁止在保护区狩猎。

(4)施工污染源的控制是防洪规划工程环境保护工作的重点，项目实施过程中，应根据污染物排放量、排放去向及对环境敏感点的影响，制定切实可行的防治措施，防止产生环境污染。

(5)防洪水库是防洪工程中影响范围大、涉及环境因子多的项目，对环境影响深远，建设过程中应进行单项工程的环境评价。

防洪水库涉及流域水资源利用、流域生态等诸多的环境问题，除进行单项工程环境评价外，还要进行梯级水库的环境评价，合理制定水库调度运用方式，避免水库运用对流域生态的影响。

第十章　实施意见及保障措施

第一节　实施意见

按照国家有关政策和战略部署，根据黄河流域实际情况，结合各省(自治区)社会经济发展的要求和防洪工程的总体布局，针对防洪工程建设中存在的主要问题，考虑国家投资力度与地方经济的承受能力，按照轻重缓急的原则，同时参照各省(自治区)防洪工程建设的分期安排意见分近远期实施。分期实施主要考虑以下原则：

(1)根据规划项目在黄河流域防洪中的地位及作用，近期优先安排下游干堤加固、河道整治、分滞洪区和防洪水库建设项目，兼顾上中游干支流河段防洪工程建设，并完成国家已批复及待批复的工程建设项目。

(2)对保护范围广、淹没影响大、经济效益和社会效益显著的河段或河流上的防洪项目、重要城市防洪工程及大型病险水库的除险加固工程要优先安排，及早生效。

(3)西部地区防洪工程要体现西部大开发的战略部署。西部大开发是党中央作出的跨世纪重大战略决策，防洪工程为西部经济社会的可持续发展起到重要的保障作用，因而要予以优先安排。

(4)根据国务院印发的《水利产业政策》，地方防洪工程项目所需投资应由所在地人民政府从地方预算内资金、水利专项资金等地方资金和贴息贷款中安排，同时还可能投入大量劳务。因此，建设安排要充分考虑地方财力的承受能力。

根据以上分期实施原则,黄河流域防洪工程建设近期10年内主要安排情况如下。

黄河下游：基本完成下游临黄大堤加固、险工改建加固，控导工程续建、加高加固坝垛，以及东平湖滞洪区建设、滩区安全建设任务；适时开工建设沁河河口村水库、古贤水库，实施小北干流放淤工程；开展挖河固堤及"二级悬河"治理，基本完成河口、沁河下游堤防及险工加高加固；

实施水库调水调沙,完善防洪非工程措施及工程管理,进一步增强黄河下游防洪能力。

黄河上中游干流及主要支流:逐步实施黄河宁蒙河段等上中游干流河段防洪工程和渭河、汾河、伊洛河、无定河、泾河等支流的防洪工程建设。

城市防洪及病险水库除险加固:完成济南、郑州、西安、太原、呼和浩特、银川、兰州、西宁8座省会城市防洪工程建设,其他6座地级市防洪工程全面开工建设。全部完成黄河流域84座大中型病险水库的除险加固任务。

远期20年内实施黄河下游险工、控导工程按远期设计标准的加固任务,以及河口治理、沁河下游防洪工程建设剩余项目,继续实施小北干流放淤工程,继续安排水库调水调沙、挖河固堤及"二级悬河"治理。

继续完成黄河上中游干流及主要支流、城市防洪剩余项目。

第二节 实施效果评价

一、规划实施效果总体评价

黄河流域防洪规划工程措施和非工程措施的实施,将进一步完善黄河防洪减淤体系,黄河下游可防御新中国成立以来发生的最大洪水,确保设防标准内洪水堤防不决口,保障12万 km^2 防洪保护区内9 064万人民生命财产安全,避免城镇、工业、交通干线、灌排渠系、生产生活设施遭到毁灭性破坏,为经济社会可持续发展提供防洪安全保障。同时,上中游干流及主要支流重点防洪河段的洪凌灾害将得到有效控制。规划防洪工程建设,将对流域及沿黄地区经济社会发展和生态环境改善、维持黄河健康生命发挥重要作用。

黄河下游堤防工程建设实施后,将增强黄河下游抗御洪水的能力。沁河口以下1 324 km临黄大堤将得到全面加固,特别是1 185.6 km堤防背河淤宽100 m后,将消除堤防质量差和各种险点隐患,黄河大堤将成为防洪保障线、抢险交通线、生态景观线。工程建成后,临黄大堤可以满足防御花园口站22 000 m^3/s 流量洪水的要求。

河道整治工程建设,可以基本控制高村以上299 km河道的游荡性河势,主流游荡范围由现状的3~5 km缩窄到2~2.5 km,有效减免"横河"、

"斜河"顶冲堤防威胁，提高了堤防的安全度。同时还可以保护部分滩区人民生命财产安全，提高黄河下游引黄涵闸的引水保证率，保障沿黄地区适时引水。

东平湖滞洪区建设，使 77.8 km 围坝全部得到加固，湖区内群众安全建设问题得到妥善解决，黄河一旦发生超标准洪水，东平湖滞洪区可顺利分洪运用，保障陶城铺以下河段的防洪安全。

滩区安全建设是保障滩区人民群众生命财产安全的一项重要工程。黄河下游滩区现居住 179.3 万人，当该工程完成后，可以使建村台的 137.97 万人在 20 年一遇以下洪水情况下生命财产不受损害；封丘倒灌区的 24.71 万群众在汛期安全撤离；搬迁出滩区的人口可彻底避免洪灾损失，同时滩区部分群众的搬迁，有效地控制了滩区人口的增长，为保证滩区安定发展和减少灾害损失奠定了基础。

河口防洪工程建设，可以减免黄河洪凌灾害给河口地区带来的损失，保障黄河河口三角洲开发建设安全，并将有利于减少河道淤积，稳定现行河口流路，延长现行河道的行河年限。

古贤、河口村等干支流水库建成后，作为水沙调控体系的重要组成部分，将对黄河中下游防洪、减淤发挥重要作用。河口村水库将使沁河下游的防洪标准由 25 年一遇提高到 100 年一遇，并进一步削减黄河下游洪水；古贤水库可拦沙 138 亿 t，减少黄河下游河道淤积量 77 亿 t，相当不淤年数 21 年，减少龙潼段淤积量 54 亿 t，相当不淤年数 52 年，可降低潼关高程 1.5～2 m，同时对三门峡和小北干流具有直接防洪作用。参与水库群调水调沙运用，利于黄河下游中水河槽的塑造和维持。

黄河上中游干流河段防洪规划实施后，宁蒙河段防洪工程将达到国家规定的防洪标准，有效保障宁蒙平原的防洪防凌安全；禹潼、潼三等河段塌岸现象将得到有效控制，为两岸人民建设一个较为安定的生产和生活环境。

黄河流域防洪问题突出的沁河、渭河、汾河、伊洛河、大汶河等 33 条支流得到有效治理。流域及下游沿黄地区防洪任务较重的 8 座省会城市和 6 座地级城市达到国家规定的防洪标准。流域 84 座大中型病险水库的防洪标准全部达到国家规定标准。

防洪非工程措施和工程管理设施建设，将大大提高黄河流域防洪调度指挥能力和防汛抢险的技术水平，为防洪工程的正常运行奠定基础。

二、防洪经济效益估算

(一)多年平均防洪经济效益

规划项目的直接经济效益主要包括防洪效益、减淤效益等。根据规范，防洪经济效益采用频率法计算，减淤经济效益采用替代工程费用和频率法进行计算。黄河下游规划各项目产生的防洪效益包括以下几部分：

(1)减免黄河下游堤防决口洪灾经济损失；

(2)减免沁河堤防决口洪灾经济损失；

(3)减免东平湖滞洪区决口洪灾经济损失；

(4)减免黄河下游滩区洪灾经济损失；

(5)减免禹潼河段和潼三河段塌岸经济损失；

(6)减少黄河下游堤防加高费用；

(7)减免黄河河口堤防决口洪灾经济损失等。

计算结果表明，规划防洪工程实施后将取得非常巨大的效益，正常运行期多年平均可取得防洪减淤经济效益154.45亿元。

(二)特大洪水防洪效果分析

黄河下游是黄河流域防洪的重中之重。1958年花园口站发生的洪峰流量为22 300 m³/s 的洪水，是黄河下游新中国成立以来发生的最大洪水，也是黄河下游的设防洪水。

黄河1958年洪水经过黄河下游两岸军民的全力抢险，没有发生决堤洪水灾害。但是，与20世纪50年代相比，由于黄河下游汛期来水少，非汛期河道出现断流，使泥沙大多数淤积在河槽中。主槽淤积加重，同流量下水位逐步升高，排洪能力降低，"悬河"形势进一步加剧。平槽流量由20世纪80年代中期的6 000 m³/s 左右降低为目前的3 000 m³/s 上下。这种"小洪水、高水位、大漫滩"的局面，加上黄河下游堤防不同历史时期形成的薄弱环节，大大增加了堤防的决口风险。

采用黄河下游大堤决口二维非恒定流洪水演进模型分析，在现状两岸地形地物情况下，发生1958年洪水在下游堤防上段决口，无论是向南岸决口还是向北岸决口，淹没范围均超过20 000 km²，淹没区人口为1 200万~1 500万人，淹没耕地面积为1 600万~1 900万亩，洪灾经济损失约1 000亿元。一次决堤洪水灾害是多方面的，影响历时是长久的：中断中国南北、东西交通的重要铁路和公路干线，并且影响到其他流域的航运交通，对正常的国民经济生产带来重大影响；将对洪灾区的生态环境造成数十年难以恢复的影响；破坏洪灾区人民正常的生产和生活，造成人口伤亡，灾民众多，对正常的社会活动产生极大冲击，对社会稳定和政治安定造成非常不利的影响。

黄河下游规划防洪工程的实施，将全面加强黄河下游防洪工程的建设，提高黄河下游防洪减淤工程体系的防洪能力，基本免除下游设防标准以内洪水的决口灾害。

三、社会及生态环境效果评价

规划防洪工程实施后不仅具有减免洪水灾害的直接经济效益，对保障国民经济和社会持续发展、改善生态环境都具有巨大作用。以黄河下游为例，历史上黄河下游洪水灾害非常严重，其灾害影响范围和造成的经济损失都是一般自然灾害所无法比拟的。根据现状地形地物分析，在不发生重大改道的前提下，黄河下游防洪保护区总面积为 12 万 km^2，一次决堤最大洪灾经济损失 1 000 多亿元。黄河决堤洪水造成的灾害损失是非常巨大的，将打乱整个国民经济的部署和发展进程。规划工程的实施将大大减少黄河出现决堤洪水灾害的可能性，为国民经济的稳定发展提供有力保障。

黄河下游防洪保护区人口密集，达 9 064 万人。在南岸兰考以上、北岸原阳以上决口，黄河一次决堤洪水淹没区人口将达到 1 000 万人以上，对人民的生产生活和社会稳定产生重大影响。黄河下游防洪标准的提高，将为人民安居乐业提供基本前提，避免黄河决口造成的社会动荡，对社会稳定和发展具有重要意义。

黄河一旦决堤，洪水泥沙俱下，对生态环境将造成毁灭性的灾害。根据历史洪水灾害情况分析，黄河决堤后泥沙将造成河流淤塞、良田沙化、灌排系统将受到严重破坏，更为严重的是这些影响都不是短期内能够恢复的，对自然环境和农业生态的破坏影响将长期存在。黄河下游防洪规划工程的实施，可以减轻洪水对黄河下游保护区的威胁，减免洪水对工农业生产和下游生态环境造成的毁灭性灾害，促进下游地区生态环境建设。

黄河上中游防洪规划项目的实施对促进西部大开发，增进民族团结，具有重要意义。

黄河流域防洪规划项目实施后，将有效提高黄河流域防洪工程体系的防洪能力与防护对象的防洪标准，对促进地区经济社会可持续发展和生态环境建设、维持河流健康生命具有巨大的不可替代的作用。

第三节　保障措施

为了保障黄河流域防洪规划项目的顺利实施，确保规划目标的实现，必须建立协调、可靠的防洪建设管理投入机制，保障防洪规划项目的顺利实施和良性运营；积极改革现行流域防洪管理体制和管理机制，促进流域防洪管理工作的科学化、法制化；加快立法进程，建立和完善流域防洪减灾法律法规体系；加强前期工作和科学技术研究，为流域防洪建设提供重要决策依据和技术支撑。

一、建立协调、可靠的防洪建设与管理投入保障机制

协调的防洪建设投入机制和充足的资金来源是规划防洪项目顺利实施的基本保证。防洪工程是社会公益型工程，对社会稳定、人民安居乐业、国民经济稳定发展和避免生态环境灾难具有重要意义。根据《防洪法》规定，防洪费用按照政府投入同受益者合理承担相结合的原则筹集。《防洪法》要求，各级人民政府应当采取措施，提高防洪投入的总体水平，同时指出："江河、湖泊的治理和防洪工程设施的建设和维护所需投资，按照事权和财权相统一的原则，分级负责，由中央和地方财政承担。城市防洪工程设施的建设和维护所需投资，由城市人民政府承担。受洪水威胁地区的油田、管道、铁路、公路、矿山、电力、电信等企业、事业单位应当自筹资金，兴建必要的防洪自保工程。"

防洪建设和运行管理投入巨大，涉及的投资主体较多。现行法律法规没有对各级各类防洪建设和运行管理的资金投入做出比较明确的界定。在实际建设和运行管理中，存在着企业靠政府、下级靠上级、地方靠中央的问题，在一定程度上制约着防洪建设和运行管理的投入力度。应当建立协调、可靠的防洪建设和运行管理投入机制，通过明确各级政府对各类防洪工程和非工程措施的建设管理职责和资金投入要求，约束各级政府的建设管理行为，同时也有利于发挥各级政府的主动性和积极性。各级政府要加强防洪工程建设管理的社会宣传工作，通过多种途径增加防洪建设管理资金的投入渠道和投入总量。

各级政府在重视防洪工程建设的同时，要重视防洪工程的运行管理和

防洪非工程措施的建设，保证持续、充足的资金投入，全面发挥防洪减灾体系的减灾效益。各级政府要确保防洪建设资金的使用安全，任何单位和个人不得截留、挪用防洪、救灾资金和物资，各级人民政府审计机关应当加强对防洪、救灾资金使用情况的审计监督。

二、积极改革，促进防洪管理工作的科学化和法制化

(一)建立健全权威、高效、协调的流域管理体制

根据《防洪法》的规定，国务院水行政主管部门在国家确定的重要江河、湖泊设立的流域管理机构，在所管辖的范围内行使法律、行政法规规定和国务院水行政主管部门授权的防洪协调和监督管理职责。但是，由于流域机构法律地位不明确，缺乏有效的行政监督和经济调控手段，已不适应黄河治理开发事业的要求。为加强黄河流域管理，有效协调各部门、各省(自治区)间的关系，更好地解决黄河治理开发中的重大问题，应深入研究建立权威、高效、协调的流域管理体制，对流域管理体制进行改革，依法建立起新型的流域管理体制。

以流域立法为基础，强化流域管理机构对黄河水沙调控体系的统一管理。为配合中下游水库联合调度，建议将上游的青铜峡、三盛公、万家寨、小浪底等对全河水量调度具有重要作用的控制性水利枢纽，由流域管理机构直接管理调度，真正做到统一调度。同时，流域管理机构要依法加强对上游龙羊峡、刘家峡水库的统一调度管理。

(二)不断促进各项管理工作的科学化和法制化

各级水行政主管部门要加强防洪工程建设项目前期工作管理，积极探索采用招投标方式组织防洪工程建设项目前期工作，不断提高设计质量、降低设计成本。加强防洪工程建设管理，实行项目法人制、招标投标制、工程监理制、资金审计审查制等四项制度，严格按照招投标法、合同法进行防洪工程项目的建设和管理工作，提高工程质量，控制工程投资。积极推动防洪工程管理单位体制改革，实行管养分离，精简人员，提高管理人员业务素质，促进防洪工程的良性运营。同时，要积极开展各种形势的宣传教育工作，提高全民防洪减灾意识，使人们的社会活动、经济活动不妨碍防洪总体部署，并积极参与和支持防洪减灾体系的建设和良性运营，保障防洪目标的实现。

三、建立和完善流域防洪减灾法律法规体系

在深入贯彻执行《水法》、《防洪法》等现有法律法规的基础上，针对黄河防洪工作中存在的实际问题，按照黄河防洪减灾法律法规建设规划，逐步建立和完善黄河防洪减灾法律法规体系，为依法治河、依法治水提供基本依据。

为协调黄河复杂的水事关系，要加快《黄河法》立法进程，尽快制定既体现水法一般原则又体现黄河特点的专项法律，有效规范和调整黄河治理开发中各方面的关系，保障黄河治理开发健康有序进行。

四、加强前期工作和科学技术研究

按照黄河水利委员会提出的"维持黄河健康生命"治河新理念，加大黄河防洪减灾科技投入和研究力度，科学组织，合理安排，积极开展治黄重点项目的基础工作和前期工作。对于黄河防洪中的关键问题，要勇于创新，通过组织多部门、多学科联合攻关，加强高新技术的推广应用，不断提高黄河防洪减灾的科技含量。加强黄河自然规律研究等基础性课题、治黄战略性课题研究工作。

附件 1：

水利部黄河水利委员会文件

签发：李国英

黄规计[2002]101 号

审阅：石春先

关于黄河流域(片)防洪规划纲要的请示

水利部：

　　根据水利部"关于组织开展防洪规划编制工作的通知"(水规计[1998]485 号)要求，我委组织委内有关单位和流域(片)有关省区(含新疆建设兵团)水利厅(局)编制完成了《黄河流域(片)防洪规划纲要》报告。现将该报告报上，请审批。

二〇〇二年八月八日

主题词： 防洪规划　黄河流域(片)　请示

抄　送：水利部规划总院。

黄河水利委员会办公室　　　　　　　　　　2002 年 8 月 9 日印制

附件2：

水 利 部 文 件

签发人：陈　雷

会签人：杜　鹰　　廖晓军　　鹿心社

　　　　仇保兴　　胡亚东　　翁孟勇

　　　　张宝文　　李干杰　　李育材

　　　　郑国光

水规计[2008]226号

水利部关于审批黄河流域防洪规划的请示

国务院：

　　1997年6月,《黄河治理开发规划纲要》通过了原国家计委、水利部联合主持的审查,防洪规划是其中的重要组成部分。1998年长江、松花江、嫩江大洪水后,根据大江大河的防洪形势,我部依据《中华人民共和国防洪法》的有关规定,经商国家发展改革委,首次专项组织开展了防洪规划的编制工作。

　　黄河水利委员会按照我部的统一部署,会同流域内各省(自治区)水利部门,自1998年12月开始编制黄河流域防洪规划。在规划编制过程中,针对黄河洪水泥沙威胁、水土流失、水资源短缺、水污染等重大问题,先期组织编制了《黄河近期重点治理开发规划》,国务院于2002年7月以国函[2002]61号文予以批复。黄河水利委员会以规划纲要和近期重点治理开发规划为基础,按照科学发展观和实施西部大开发战略的要求,统筹考虑流域内的防洪形势和水沙条件变化情况,编制提出了《黄河流域防洪规划》(以下简称《规划》)。我部完成了对《规划》的技术审查、征求意见和协调等相关工作,现报上,请予审批。

　　一、黄河流域的防洪形势

　　黄河发源于青藏高原巴颜喀拉山北麓,流经青海、四川、甘肃、宁夏、内蒙古、山西、陕西、河南、山东等9省(自治区),流域面积79.5万平方公里。2005 年，流域内人口 1.13 亿人，占全国总人口的 8.6%；耕地面积 1 624 万公顷，占全国的 12.5%；国内生产总值 12 150 亿元，占全国的 6.7%，在我国经济建设中具有重要的地位。黄河是一条多泥沙、多灾害河流，尤其黄河下游是举世闻名的"地上悬河"，历史上决口改道频繁，洪水泥沙灾害历来十分严重。据不完全统计，从公元前 602 年至 1938 年的 2 540 年间，下游决口泛滥的年份有 543 年，决口达 1 590 余次，经历了 5 次重大改道和迁徙，洪水泥沙灾害波及范围遍及河南、河北、山东、安徽和江苏等 5 省的黄淮海平原，纵横 25 万平方公里，给中华民族带来了深重灾难。

党和国家高度重视黄河防洪治理，开展人民治黄以来，始终把保障黄河下游防洪安全作为黄河治理的首要任务，通过综合治理，取得了巨大成就。依靠建成的防洪工程体系和非工程措施，加上沿河军民的严密防守，战胜了新中国成立以来历次大洪水，扭转了历史上频繁决口改道的险恶局面。黄河的岁岁安澜，保障了黄河流域及黄淮海平原的安全和稳定发展，取得了巨大的经济效益、社会效益和环境效益。在保障黄河下游防洪安全的同时，也加强了上中游干流及主要支流的治理，并初见成效，大大减少了水患灾害。

虽然黄河治理取得了巨大成就，但黄河是一条河情特殊、极其复杂难治的河流，仍然存在以下主要问题：一是黄河下游洪水泥沙威胁依然是心腹之患，小浪底至花园口区间洪水尚未得到控制，"二级悬河"严重，"横河"、"斜河"使中常洪水有冲决大堤的可能。二是黄河上中游水沙关系进一步恶化，干支流河床持续萎缩，洪涝灾害风险加大；宁蒙河段基础设施薄弱，仍有可能发生大的凌汛灾害。三是黄土高原水土流失面积广，类型多，自然条件差，治理难度大，水土流失严重。四是病险水库多，严重威胁水库下游地区的安全。五是下游滩区安全建设滞后，东平湖滞洪区排水不畅，安全建设遗留问题突出。六是防洪非工程措施不完善，防洪社会化管理薄弱。为进一步提高流域防洪减灾能力，保障流域和黄淮海平原经济社会又好又快的发展，编制黄河流域防洪规划，并以规划为指导，开展流域防洪建设和管理是十分必要的。

二、《规划》的指导思想、原则和目标

《规划》以科学发展观为指导，在认真总结黄河治理经验的基础上，针对黄河洪水、泥沙的特点及经济社会发展对黄河防洪的新要求，按照"上拦下排，两岸分滞"洪水和"拦、排、放、调、挖"综合处理泥沙的方针，

进一步完善黄河防洪减淤体系；加强水资源节约与保护、改善生态与环境，维护黄河健康；完善水沙调控措施，逐步实现对洪水泥沙的科学管理与调度；重视防洪非工程措施建设，建立和完善防洪社会化管理机制，推进洪水风险管理，提高抗御洪水泥沙灾害的能力，为全面建设小康社会提供防洪安全保障。

《规划》明确了黄河流域防洪建设的基本原则：一是坚持以人为本，促进人与自然和谐相处。以保障人民群众生命财产安全为根本，有效地控制洪水和泥沙淤积，同时要遵循自然规律和经济规律，给洪水泥沙以出路，规范人们的水事行为。二是防洪建设与经济社会发展相协调。合理确定不同保护对象的防洪标准和流域防洪工程体系总体布局，使防洪建设与经济社会发展水平相适应。三是坚持全面规划、统筹兼顾、标本兼治、综合治理。采取多种措施，水沙兼治，突出流域防洪减淤体系的整体作用，协调好整体与局部的关系、一般保护对象与重点保护对象的关系。四是因地制宜、突出重点。根据黄河的防洪减淤情势，以下游为重点，兼顾上中游干流河段、主要支流以及大中型病险水库、城市防洪。五是工程措施与非工程措施相结合。建立和完善洪水预警预报系统和防洪减灾保障机制，加强洪水风险管理。六是坚持优先控制粗泥沙，通过黄土高原水土保持先粗后细，小北干流放淤淤粗排细，水库拦沙拦粗泄细等措施，控制黄河泥沙。

《规划》提出了黄河流域防洪目标：近期到 2015 年，初步建成黄河防洪减淤体系，基本控制洪水，确保防御花园口洪峰流量 22 000 立方米每秒黄河干流堤防不决口；适时建设干支流控制性骨干工程，与现有水库联合运用，实现下游 4 000~5 000 立方米每秒中水河槽的塑造，逐步恢复主槽行洪能力，初步控制游荡性河段河势，提高宁蒙河段防止冰凌洪水灾害的能力；实施东平湖滞洪区工程加固和安全建设，保证分洪运用安全；加强滩区安全建设，研究和建立滩区淹没政策补偿机制；加强河口管理，相对稳定入海流路；实施小北干流放淤工程，淤粗排细，减轻小浪底水库及下游河道淤积；继续大力开展水土流失治理，基本控制人为产生新的水土流失。黄河上中游干流、主要支流重点防洪河段的河防工程基本达到设计标准，全面完成大中型病险水库除险加固，防洪任务较重的 8 座省会城市全部达到国家规定的防洪标准。加强信息化建设，以建设"数字黄河"工程为重点，基本实现防洪非工程措施及管理现代化。

远期到 2025 年，基本形成干流骨干水库为主的水沙调控体系，防止河床升高，维持下游中水河槽稳定，局部河段初步形成"相对地下河"雏形；

基本控制下游游荡性河段河势，滩区群众生命财产安全有保障，完善政策补偿机制。根据实施效果，继续实施小北干流放淤，延长小浪底水库寿命，减轻下游河道淤积。继续开展水土流失区的治理，再治理水土流失面积12.1万平方公里，多沙粗沙区基本得到治理，平均每年减少入黄泥沙达到6亿吨，生态环境恶化的趋势进一步得到遏制。黄河上中游干流、主要支流的河防工程达到设计标准，重要城市达到国家规定的防洪标准。

三、《规划》的主要内容

黄河流域防洪规划做了大量的勘测设计、分析计算、专题论证、调查研究和协调平衡等工作，主要内容包括：

(一)流域暴雨洪水泥沙特性及河道冲淤分析。《规划》系统分析了黄河流域上中下游不同区域的暴雨、洪水和泥沙特点及水沙关系，延长了水文系列，对水土保持措施的减水减沙作用、大型水库工程的拦沙和调水调沙作用以及河道冲淤变化进行了分析，对设计洪水位进行了复核。黄河中游地区暴雨频繁、强度大、历时短，形成的洪水峰高、含沙量大、陡涨陡落，是黄河下游的主要成灾洪水。冰凌洪水主要发生在黄河下游及上游宁蒙河段，洪水峰低量小、历时短、来势猛、水位高，防守难度大。黄河水少沙多、水沙异源，水沙关系不协调，导致中下游河道主槽及河滩淤积严重，下游防洪形势越来越严峻。

(二)防洪区划。《规划》对黄河洪水淹没情况和风险进行了分析，并根据流域特点和洪水特征，开展了防洪保护区、蓄滞洪区和洪泛区的划分。《规划》划定的黄河流域防洪区面积15.5万平方公里。其中，黄河下游防洪保护区面积12万平方公里，内有人口9 064万人，耕地1.1亿亩。蓄滞洪区主要是东平湖、北金堤蓄滞洪区，其面积为2 943平方公里，内有人口208万人，耕地288万亩。洪泛区主要是滩区，其面积3 956平方公里，内有人口179.3万人，耕地375万亩。

(三)治理方略和防洪减淤体系总体布局。《规划》提出了"控制、利用、塑造"综合管理洪水，"上拦下排，两岸分滞"控制洪水，"拦、排、放、调、挖"等综合措施处理和利用泥沙，"稳定主槽、调水调沙，宽河固堤、政策补偿"的方略进行下游河道治理。

防洪减淤体系总体布局是：搞好黄土高原水土保持，减少入黄泥沙；实施小北干流放淤工程，淤粗排细；在上中游适时兴建一批水库工程，与现有水库结合，形成以骨干水利枢纽工程为主体的黄河水沙调控体系。在黄河下游，建设标准化堤防约束洪水；大力开展河道整治，控导河势，结合调水调沙，塑造和维持中水河槽；配套完善分滞洪工程，分滞洪水，解决流域内重点地区突出的防洪问题；搞好滩区安全建设，对漫滩洪水淹没损失实行政策补偿；结合挖河淤背固堤，淤筑"相对地下河"。加快黄河上中游干流及主要支流重点防洪河段的河防工程建设。

(四)防洪减淤非工程措施建设。《规划》对黄河流域重点防洪保护区，提出了发生超标准洪水应采取的措施和防御方案；对洪水风险管理、防洪调度管理、防洪工程设施管理、规划实施保障措施等提出了对策措施；同时还规划了防汛决策支持系统、洪水调度等数字防汛建设，逐步形成适应防洪减淤体系有效运作的管理保障体系。

四、审查协调情况

2004年11月，我部在北京组织召开了黄河流域防洪规划审查会，邀请有关专家和国务院有关部门、解放军总参谋部、流域内各省(自治区)人民政府的代表，对《规划》送审稿进行审查并提出了审查意见。黄河水利委员会根据审查意见，对《规划》进行了补充、修改和完善。

2006年4月，我部以《关于征求对黄河流域防洪规划意见的函》(办规计函[2006]155号)征求了国务院有关部门、解放军总参谋部、流域内各省(自治区)人民政府的意见。其中，国家发展改革委委托中国国际工程咨询公司对《规划》进行了评估。根据各有关部门、流域内各省(自治区)人民政府的反馈意见，我部组织黄河水利委员会进行逐条研究，对《规划》做了进一步的修改完善。

经征求意见和协商沟通，各有关部门和流域内各省(自治区)对《规划》取得了基本一致意见，现报请国务院审批。经国务院批复后，我部将向社会公开，以指导流域防洪工作，为流域经济社会发展提供有力的防洪安全保障。

附件(略)

二〇〇八年六月二十日

主题词：水利 规划 防洪 黄河 请示

附件 3：

黄河流域防洪规划审查意见

2004 年 11 月 12 至 14 日，水利部在北京主持召开了黄河流域及西北诸河防洪规划审查会，对水利部黄河水利委员会提出的《黄河流域防洪规划》(以下简称《规划》)进行了审查。参加会议的有国务院秘书二局、总参谋部、国家发展改革委、财政部、国土资源部、建设部、铁道部、交通部、信息产业部、农业部、科技部、国家环保总局、国家林业局、中国气象局、国务院发展研究中心、国务院南水北调工程建设委员会办公室、国家防汛抗旱总指挥部办公室、中国国际工程咨询公司，新疆、青海、甘肃、宁夏、内蒙古、陕西、山西、河南、山东等 9 省(自治区)人民政府及其发改委、水利厅和新疆生产建设兵团水利局，水利部有关司、局，有关规划、设计、科研等部门和单位的代表及特邀专家共 142 人。会议成立了由特邀专家和有关部门及 9 省(自治区)和新疆生产建设兵团代表组成的黄河流域及西北诸河防洪规划审查委员会。会议听取了黄河水利委员会关于《规划》的汇报，与会人员进行了认真审议。审查委员会基本同意该《规划》，经适当修改后，可上报审批。审查意见如下：

一、黄河及西北诸河流域战略地位重要，土地、矿产资源特别是能源资源十分丰富，在国民经济发展战略布局中具有重要地位。黄河是一条多泥沙河流，洪水灾害严重，历史上曾给中国人民带来了深重灾难。治理黄河历来是中华民族兴国安邦的大事。新中国成立以来，党和政府十分重视黄河防洪问题，坚持不懈地进行了治理，黄河下游防洪取得了连续五十多年伏秋大汛不决口的成就。但由于黄河独特的泥沙问题，决定了黄河防洪的特殊性、长期性和复杂性，黄河洪水威胁依然是中华民族的心腹之患。随着经济社会的快速发展以及西部大开发战略的实施，对黄河流域及西北诸河的防洪提出了更高要求。依据《中华人民共和国水法》、《中华人民共和国防洪法》和党中央、国务院有关文件精神，编制黄河流域及西北诸河防洪规划十分必要。《规划》对进一步完善黄河流域及西北诸河防洪体系，提高防洪能力，保障经济社会可持续发展具有重要意义。

二、根据水利部统一部署，编制单位会同有关省、自治区、新疆生产建设兵团，在总结历次规划和防洪建设经验教训的基础上，通过大量的调查研究，系统分析了黄河流域及西北诸河的自然条件、水沙特点、经济社会状况以及现状防洪减灾体系存在的问题，按照科学发展观的要求和中央水利工作方针，提出的流域防洪指导思想和基本原则，总体布局和目标，工程与非工程措施、实施方案及政策保障措施等主要规划内容，基本符合流域实际。《规划》的指导思想正确，目标明确，资料翔实，内容全面，布局合理，重点突出，措施基本可行。

三、基本同意《规划》提出的分期目标，但有些近期目标偏高，应做适当修改。

四、基本同意《规划》分析采用的设计洪水成果、设计水沙系列及主要控制站设计洪水位。

五、同意《规划》提出的"上拦下排，两岸分滞"的方针和"拦、排、放、调、挖"的综合治理泥沙的措施。基本同意《规划》提出的由水沙调控、水土保持、干流放淤、河防工程、分滞洪工程以及非工程措施组成的黄河综合防洪减淤体系。

六、黄河下游防洪工程。

(1)同意黄河下游设防流量为防御花园口 22 000 m³/s 洪水。同意堤防等级为 1 级堤防。基本同意堤防加高加固和险工改建加固的标准。

(2)基本同意河道整治方案、规划治导线及控导工程新建、续建和加高加固标准。

(3)原则同意《规划》提出的治理"二级悬河"的措施，要加强综合治理。

(4)基本同意《规划》提出的蓄滞洪区调整意见以及建设规划方案。

(5)原则同意滩区安全建设的内容，应抓紧编制专项规划。

(6)基本同意《规划》提出的河口治理内容，应抓紧编制专项规划。

七、基本同意《规划》提出的黄河干支流水库建设布局。

八、原则同意规划中提出的黄河水沙调控体系、黄河小北干流放淤意见，应抓紧编制黄河小北干流放淤专项规划。

九、基本同意黄土高原水土保持的规划和按照不同类型区特点拟定的综合治理内容。

十、基本同意黄河宁蒙、禹门口至潼关、潼关至三门峡以及甘肃、青海等干流河段的治理标准、方案和措施。

十一、基本同意渭河、沁河等支流河道(河段)的防洪规划方案。

十二、基本同意重点城市防洪标准和防洪规划安排。

十三、基本同意大中型病险水库的除险加固规划安排。

十四、基本同意非工程措施的规划内容。

十五、原则同意环境影响评价的主要内容。

十六、基本同意《规划》提出的分期建设意见，应分轻重缓急，统筹安排。

十七、西北诸河防洪规划，应按照《防洪法》的规定，专项报批。

十八、建议。

(1)应继续开展水沙变化趋势，河道演变规律，黄河干流水库运用方式等问题的研究。

(2)在总结经验的基础上，继续开展调水调沙、小北干流放淤的研究和实践。

(3)加强黄河下游滩区治理和政策补偿方面的研究。

(4)加强上中游水土保持与下游防洪减淤关系的研究。

(5)继续加强治黄方略的研究。

审查委员会主任：刘　宁
副主任：徐乾清　朱尔明　何孝俅

附件 4：

中国国际工程咨询公司文件

任苏行　签发

咨农水[2006]1357号　　　　　　　　包叙定　已阅

关于黄河流域防洪规划的咨询评估报告

【内容提要】　　黄河流域西部地区属青藏高原；中部地区绝大部分属黄土高原，是我国乃至世界上水土流失最严重的地区；东部属黄淮海平原，河道为"地上悬河"，洪水对两岸平原威胁十分严重。

黄河干流已初步形成了以水库拦蓄、河道排泄和滞洪区分滞为主的"上拦下排，两岸分滞"的防洪工程体系，并通过非工程等综合措施使黄河的防洪形势有了根本改观，创造了60年岁岁安澜的历史奇迹。黄河根本问题在于水少沙多，水沙不协调。

黄河存在的主要问题：一是黄河下游"地上悬河"局面将长期存在；小浪底至花园口区间洪水尚未完全得到控制；河道整治工程不完善，已建工程标准低，主流游荡变化剧烈；东平湖滞洪区安全建设遗留问题较多；黄河下游滩区群众安全设施少、标准低。二是黄河上中游干流河段及主要支流泥沙淤积河道，排洪能力降低，防洪工程不完善。三是病险水库多。四是城市防洪设施薄弱。五是防洪非工程措施不完善。

《规划》提出黄河的防洪减淤体系由水沙调控体系、水土保持、放淤工程、河防工程、分滞洪工程和防洪非工程措施组成，其中水沙调控体系、水土保持和放淤工程构成控制黄河粗泥沙的三道防线。

《规划》提出的近期工程基本为续建项目，除继续完成已实施的项目外，重点提出了近期在黄河下游修建河口村水库，配合小浪底水库，进一步控制三花间洪水，提高黄河干流调水调沙效果；续建堤防工程、河道整治、挖河固堤及"二级悬河"治理、东平湖滞洪区建设、河口治理及滩区安全建设及相应政策补偿措施。

《规划》提出在 2001~2020 年规划期，初步估算静态总投资 1 408.73 亿元(不包括水土保持及山洪防治投资)。截至 2005 年已完成投资 206.05 亿元；剩余投资 1202.68 亿元，其中黄河下游 806.34 亿元，黄河上中游干流及主要支流 274.53 亿元，城市 109.23 亿元，病险水库 12.58 亿元。

评估认为，《规划》主要内容基本符合流域实际，可作为指导黄河防洪治理的依据；黄河流域下游小浪底至花园口区间洪水尚未完全得到控制，近期应建设河口村水库，发挥以小浪底水库为核心的干支流水库联合调水调沙作用，遏制主槽持续抬高的态势。下游堤防建设和滩区安全建设是近期建设的重点。

黄河下游滩区人口众多，在开展滩区安全建设的同时，尽快研究制定滩区淹没补偿政策。要加强黄河洪水管理，协调好防洪、水资源利用和改善生态环境的关系。

建议进一步突出加强黄河水资源统一调度和管理，发挥小浪底水库调水调沙的作用，减少下游河道淤积；抓紧对大柳树水库枢纽工程论证；研究采取综合措施降低潼关河底高程，减轻渭河淤积；应根据《黄河近期重点治理规划》的要求，加大水土保持治理投入，改变总体实施进度滞后的局面。

《规划》提出近期工程投资约 853.73 亿元，包括国务院已经批复的《黄河近期重点治理开发规划》和《渭河流域重点治理规划》中相应防洪工程投资，到"十五"期末已完成投资 206.05 亿元，剩余规划建设的近期内容需投资 647.68 亿元。"十一五"期间完成投资强度过大，有较大困难，应进一步区分轻重缓急，循序建设。

国家发展和改革委员会：
现将《黄河流域防洪规划》（简称《规划》）的咨询评估意见报告如下：

一、流域概况及防洪形势

(一)流域概况

黄河发源于青藏高原巴颜喀拉山北麓约古宗列盆地，流经青海、四川、甘肃、宁夏、内蒙古、山西、陕西、河南、山东等 9 省(自治区)，在山东垦利县注入渤海，流域面积 79.5 万 km²(包括内流区 4.2 万 km²)。干流全长 5 464 km。流域西部地区属青藏高原；中部地区绝大部分属黄土高原，是我国乃至世界上水土流失最严重的地区；东部属黄淮海平原，河道为"地上悬河"，洪水对两岸平原威胁十分严重。

黄河流域涉及 9 省(自治区)340 个县(市、旗)，2005 年人口 11 270 万人，耕地 24 362 万亩，GDP 8 912 亿元。黄河防洪保护区面积约 15.3 万 km²，其中，黄河下游防洪保护区面积约 12 万 km²，涉及河南、山东、安徽、江苏和河北 5 省 110 个县(市)，主要为淮河、海河流域。2003 年区内人口 9 010 万人，耕地 11 193 万亩，GDP 7 200 亿元。

(二)新中国成立以来治理黄河的成就

党和国家对黄河防洪十分重视，在下游持续地进行了堤防加高加固及河道整治，开辟了北金堤、东平湖滞洪区及齐河、垦利展宽区；黄河流域已建库容 0.5 亿 m³ 以上水库 53 座，总库容 684.13 亿 m³，其中在中游干支流上修建了三门峡、小浪底水利枢纽、伊河陆浑和洛河故县水库，初步形成了"上拦下排，两岸分滞"的防洪工程体系。依靠这一工程体系和防洪非工程措施，加上沿河军民与黄河职工的严密防守，战胜了包括 1958 年 22 300 m³/s、1982 年 15 300 m³/s 的多次大洪水，创造了 60 年岁岁安澜的历史奇迹。

黄河干流已建水电站发电装机总容量达 1 700 多万 kW，成为国家重要的水电能源基地，有力地促进了沿河两岸及相关地区经济社会的发展。黄土高原地区水土流失初步治理面积 18 万 km²，有效减少了入黄泥沙，改善了当地的生产生活条件。

(三)防洪形势及存在问题

1. 洪水、泥沙特征及设计洪水位

1)洪水特征

黄河洪水按其成因可分为暴雨洪水和冰凌洪水两种类型。

暴雨洪水主要来自中游地区和上游兰州以上地区，洪水发生时间为 6~10 月。

兰州以上地区雨区广，降雨强度较小，洪水洪峰流量不大，历时较长，是宁蒙河段的主要成灾洪水，但只能形成中下游洪水的基流。

黄河中游地区暴雨频繁、强度大、历时短，形成的洪水具有洪峰高、历时短、含沙量大、陡涨陡落的特点，是黄河下游的主要成灾洪水。中游大洪水按来源区分为两种类型，以三门峡以上来水为主的洪水称为"上大洪水"，以三门峡至花园口区间来水为主的洪水称为"下大洪水"，"上大洪水"与"下大洪水"不遭遇。

冰凌洪水主要发生在黄河下游及上游宁蒙河段，黄河下游多发生在2月，宁蒙河段多发生在3月。冰凌洪水峰低量小、历时短、来势猛、水位高，防守难度大。

2)泥沙特征

随着人类活动及自然环境的改变，黄河水情、沙情也发生了变化，见表1。

表1 黄河水情、沙情变化

项目	1919~1959年	60年代	70年代	80年代	90年代	2000~2005年
水量(亿 m³)	476.3	509.7	381.2	412.7	250.3	198.3
沙量(亿 t)	16.43	11.8	13.88	8.76	7.69	4.33
含沙量(kg/m³)	34.5	23.1	36.4	21.2	30.7	21.9
汛期水量占全年比例(%)	61.3	55.58	55.8	56	45	47
汛期沙量占全年比例(%)	84	74	93.3	96	94.4	93.3

表明目前黄河在沙量减少的同时，水量也大量减少，汛期水量占全年水量的比例由61%左右减少到45%，汛期沙量占全年沙量的比例则由84%左右增加到94.4%，汛期含沙量进一步增加，水沙关系更加不协调。黄河流域已建各类水库1万余座，0.5亿 m³以上水库总库容684.13亿 m³，可有效调节黄河径流的丰枯，使径流趋于平缓，中常洪水发生的可能性已明显减少。

3)设计洪水位

黄河下游、宁蒙河段、禹门口至潼关河段(简称禹潼河段)、潼关至三门峡大坝河段(简称潼三河段)等干流河段，以及渭河下游等支流河段，属于冲积性河道，来沙量大，河道淤积严重，冲淤变化剧烈，设计洪水位一般随着河道淤积逐步升高。当上游建设大型水库拦沙时，设计洪水位会在短期内降低，如小浪底水库建设，使黄河下游设计洪水位短期内降低，水库运用约20年后，若无其他拦沙设施，下游设计洪水位又将恢复到建库前的情况。黄河下游设计洪水位采用2000年、2010年、2020年水平的最大值，主要站不同水平年设计洪水位见表2。宁蒙河段设计水位采用设计洪峰流量相应水位和历史最高凌洪水位的最大值。

表 2　黄河下游主要站不同水平年设计洪水位

站名	设防流量(m³/s)	不同水平年设计洪水位(m)		
		2000 年	2010 年	2020 年
花园口	22 000	96.25	94.97	95.54
夹河滩	21 500	79.52	78.67	79.55
高村	20 000	66.38	65.39	65.80
孙口	17 500	52.56	52.01	52.50
艾山	11 000	46.33	45.33	46.17
泺口	11 000	36.02	35.57	36.10
利津	11 000	17.63	17.57	18.42

注：水位为大沽高程系统。

2. 存在问题

《规划》提出黄河的根本问题是水少沙多、水沙关系不协调。存在的主要问题有以下几个方面。

1)黄河下流洪水泥沙威胁依然是心腹之患

(1)黄河下游"地上悬河"局面将长期存在，"二级悬河"发育。

大量的泥沙淤积在下游河道，使河道日益高悬。根据实测资料分析，1950 年到 1998 年，下游河道共淤积泥沙约 92 亿 t，与 20 世纪 50 年代相比，河床普遍抬高 2~4 m。黄河下游河道不仅是"地上悬河"，而且是槽高、滩低、堤根洼的"二级悬河"，近年来"二级悬河"日益加剧。一旦发生较大洪水，由于河道横比降远大于纵比降，滩区过流比增大，增加了主流顶冲堤防、产生顺堤行洪、甚至发生"滚河"的可能性。

小浪底水库投入运用后，下游河道淤积状态有所缓和，1999 年 10 月~2004 年 7 月，下游河道冲刷泥沙 9.7 亿 t。但是，小浪底水库拦沙运用结束后，下游河道仍然会发生全面淤积抬高。利用中游水库拦沙减淤比较明显，但拦沙期有限。因此，泥沙问题在短期内难以根本解决，历史上形成的"地上悬河"局面将长期存在，加之"二级悬河"形势严峻，从而决定了黄河下游防洪治理的长期性和复杂性。

(2)小浪底至花园口区间洪水尚未得到控制。

小浪底至花园口的无控制区(即小浪底、陆浑、故县至花园口区间)100 年一遇和 1 000 年一遇设计洪水洪峰流量分别为 12 900 m³/s 和 20 100 m³/s，考虑该区间以上来水经三门峡、小浪底、陆浑、故县四座水库联合调节运用后，花园口 100 年一遇和 1 000 年一遇洪峰流量分别达 15 700 m³/s 和

22 600 m³/s。由于该类洪水上涨速度快,预见期短,将使长期不临水的黄河下游大堤迅速高水位临洪,对堤防安全威胁较大。

(3)堤防质量差,险点隐患多。

黄河下游堤线漫长,是在原有民埝的基础上逐步加高培厚而成的,存在众多隐患和险点,质量较差。如:历史上修筑的老堤普遍存在用料不当,压实度不够,土质渗透系数大,抗水流冲刷和风浪淘刷能力低;老口门堤基复杂;獾狐、鼠多;引黄涵闸、虹吸等穿堤建筑物较多等。上述问题的存在,造成每遇洪水,险情丛生。如"96·8"洪水,花园口站洪峰流量仅7 600 m³/s,堤防就发生险情 170 多处。

(4)河道整治工程不完善,已建工程标准低,主流游荡变化剧烈。

高村以上河段河道整治难度大,且起步较晚,布点工程还没有完成,现有工程不完善,还不能控制河势,主流游荡变化仍然很剧烈,中小洪水时常形成"横河"、"斜河",大洪水时甚至形成"滚河",威胁堤防安全。同时现状河道整治工程普遍存在工程标准低,坝顶高程不足,根石坡度陡,深度浅,稳定性差等问题,特别是一些险工砌石坝,经过多次戴帽加高,坦石坡度仅为 1∶0.3~1∶0.4,根石薄弱,头重脚轻,经常发生整体滑塌险情。许多已建工程长度不足,尚需续建完善;大量的老险工程和控导工程是在抢险的基础上修建的,影响导流效果,需要调整改建。

小浪底水库运用后,由于清水冲刷,河势变化加剧,滩岸坍塌,现有河道整治工程对下泄清水有一个逐步适应和调整加固的过程,工程出现险情的可能性将增加。而下游新修河道整治工程较多,需要经过多年加固才能逐步达到稳定,抢险任务较重。

(5)东平湖滞洪区围坝质量差,退水日趋困难,安全建设遗留问题较多。

东平湖滞洪区是确保山东艾山以下河段防洪安全的一项重要分洪工程措施。该滞洪区的围坝是在 1958 年雨季抢修而成的,施工接头多,碾压不实,坝身质量差,坝基有多层古河道穿过,渗漏严重,围坝稳定性差。湖区内群众安全设施还不能满足要求,除部分避水村台达不到标准外,尚有 19.1 万人无避洪设施。由于黄河河道淤积抬高及湖区围湖造田,入黄退水排泄不畅,且越来越困难。

(6)黄河下游滩区群众安全设施少、标准低。

黄河下游两岸大堤之间具有广阔的滩地,既是行洪的通道,又是滞洪沉沙的重要区域;同时又居住着179.3 万人,有耕地 375 万亩,滩区防洪也是黄河下游防洪的一项重要任务。目前存在的主要问题是：修筑的村台、避水台面积人均约 30 m^2，现状与需要相比相差甚远；随着河槽的不断淤积，已修建的避水工程高度不够；交通道路稀少，救生船只短缺，大洪水时不能满足群众撤退转移的需要。

2)黄河上中游干流河段及主要支流泥沙淤积河道，排洪能力降低，防洪工程不完善

宁蒙河段防洪工程存在问题有：现有干流堤防高度不够、宽度不足；堤防残缺，凌汛漫淹发生灾情；河道整治工程数量少，不能有效控制河势；穿堤建筑物多等。

禹门口至潼关河段泥沙淤积影响严重，河势变化大，河道工程不完善；三门峡库区(潼三河段)护岸工程布局不合理，数量少。致使该河段冲滩塌岸加剧，引起大型提灌站脱流，危及沿河村庄和返库移民生活生产安全，急需增建防护工程。

沁河上游缺少控制性骨干工程，下游防洪标准严重偏低，只有 25 年一遇；而且河槽不断萎缩，排洪能力降低；现有堤防质量差、隐患多；险工不完善，河势变化大，平工堤段屡生险情，工程防守困难。

渭河下游河道淤积严重，排洪能力急剧下降。现有堤防工程高度不足、堤身断面小、质量差的问题日益突出。河道整治工程少、长度短，不能满足控制河势的需要；已建工程标准低，老化严重。由于渭河下游河床逐步淤高，南山支流入渭不畅，堤防经常决口，灾情严重。

3)水土流失尚未得到有效遏制

一是长期以来投入严重不足，治理进度缓慢，现有治理标准低，工程不配套，林草成活率低。二是多沙粗沙区治理严重滞后，淤地坝工程少。三是预防监督和管理不力，边治理、边破坏在一些地方还相当严重。

4)病险水库多，严重威胁水库下游地区的安全

由于黄河流域现有水库多建于 20 世纪 50、60 年代，目前很多水库带病运行，成为病险水库。据初步统计，病险较重的大中型水库有 84 座，小型病险水库更多。病险水库存在的主要问题有：防洪标准低；坝体、坝基裂缝，渗漏严重，库岸稳定性差，危及大坝安全；泄水建筑物裂缝多、破损严重，消能设施不完善等。对水库下游形成巨大威胁。

5)城市防洪设施薄弱

城市人口及工业设施高度集中，是防洪的重点保护对象。但普遍存在

防洪工程不完善；已建防洪工程标准低、老化失修；河道违章建筑多、淤积严重，泄洪能力差；防洪水库的病险比例大，防洪标准不符合规范要求等问题。严重威胁城市防洪安全。

6)防洪非工程措施不完善，工程管理设施落后，不能适应防汛抢险要求

防洪非工程措施及工程管理，对保障防洪安全具有长期的重要作用。目前，水文测验基础设施建设标准低，报汛通信手段落后；黄河通信交换系统需要更新或扩容，对全河通信设备缺乏监测管理系统，使网络运行可靠性降低。在工程管理方面，防汛抢险机械数量不足、设备陈旧；防汛道路少、标准低，难以满足大型抢险车辆的通行；工程隐患探测手段落后，不能及早发现险情。加之防洪指挥系统设备落后，机动抢险队伍配备不足，不能适应防洪抢险的快速多变要求。

评估认为，随着社会经济发展和人口的增加，黄河流域用水量增加，用水结构也发生了很大变化。经过50年整治，黄河干流已初步形成了以水库拦蓄、河道排泄和滞洪区分滞为主的"上拦下排，两岸分滞"的防洪工程体系，并通过非工程等综合措施使黄河的防洪形势有了根本改观，防洪能力大大提高。《规划》对防洪形势的估计和存在问题的分析，符合黄河防洪的实际。黄河根本问题在于水少沙多，水沙不协调。小浪底水库的建成运用，有效地控制了坝址以上的稀遇洪水，减少进入下游河道的泥沙，大大地缓解了黄河下游的防洪压力。但黄土高原水土流失尚未得到有效遏制。小浪底水库拦沙期结束后，若没有后续控制性工程，黄河下游河道仍将淤积抬升。尽管近年来加大了防洪工程建设力度，但河防工程体系仍不完善。上中游及主要支流防洪工程基础薄弱，洪水灾害仍频繁发生，仍需治理。城市防洪工程亟待完善，病险水库除险加固任务尚未完成。编制《黄河流域防洪规划》，指导防洪工程建设，尤其是黄河下游防洪减淤体系建设是十分必要的。

二、规划指导思想、防洪目标与总体布局

(一)指导思想

《规划》提出正确处理防洪减淤与水资源开发利用、生态保护之间的关系，坚持兴利与除害结合，治水与治沙并重。把防洪减淤作为黄河治理开发的第一要务，水资源开发利用应服从防洪减淤总体安排；正确处理改

造自然和适应自然的关系，协调人与自然的关系，在控制洪水泥沙的基础上，逐步实现对洪水泥沙的科学管理与调度，给洪水泥沙以出路，促进人与自然和谐相处。在重视防洪减淤工程措施建设的同时，加强防洪非工程措施建设，持续完善防洪减淤体系。

(二)防洪目标

1. 近期目标

《规划》提出近期 10 年(到 2010 年)要达到的目标是：初步建成黄河防洪减淤体系，基本控制洪水，确保防御花园口洪峰流量 22 000 m³/s 堤防不决口。建成河口村水库，以小浪底水库为核心，干支流水库联合调水调沙，结合挖河固堤及"二级悬河"治理，基本完成下游 4 000~5 000 m³/s 中水河槽的塑造，遏制主槽持续抬高的态势。基本完成下流标准化堤防建设，强化河道整治，初步控制游荡性河段河势。完成东平湖滞洪区工程加固和安全建设，保证分洪运用安全。基本完成滩区安全建设，建立滩区淹没政策补偿机制，基本保证滩区群众生命财产安全。加强河口治理，相对稳定入海流路。基本完成小北干流无坝放淤工程，淤粗排细，减轻小浪底水库及下游河道淤积。基本控制人为产生新的水土流失，新增水土流失治理面积 12.1 km²，平均每年使入黄泥沙减少到 11 亿 t，遏制环境恶化的趋势。

黄河上中游干流、主要支流重点防洪河段的河防工程基本达到设计标准，大中型病险水库除险加固全部完成，防洪任务较重的 8 座省会城市全部达到国家规定的防洪标准。

加强信息化建设，以信息化为突破口，以建设"数字黄河"工程为重点，基本实现防洪非工程措施及管理现代化。

2. 远期目标

《规划》提出远期要达到的目标是：中游干流骨干工程古贤水利枢纽投入运用，初步建成黄河水沙调控体系，南水北调西线第一期工程建成通水并向黄河补充部分水量，调水调沙，维持下游中水河槽稳定。全面建成下游标准化堤防，局部河段初步形成"相对地下河"雏形；基本控制下游游荡性河段河势。滩区群众生命财产安全有保障，政策补偿到位。实施小北干流有坝放淤工程，延长小浪底水库寿命，减轻下游河道淤积。继续开展水土流失区的治理，再治理水土流失面积 12.1 万 km²，其中多沙粗沙区基本得到治理，平均每年使入黄泥沙减少到 10 亿 t，环境恶化的趋势进一步得到遏制。

黄河上中游干流、主要支流防洪河段的河防工程达到设计标准，重要城市达到国家规定的防洪标准。

(三)总体布局

《规划》提出黄河下游的防洪减淤体系由水沙调控体系、水土保持、放淤工程、河防工程、分滞洪工程和防洪非工程措施组成，其中水土保持、放淤工程和水沙调控体系构成控制黄河粗泥沙的三道防线。

1. 水沙调控体系

由龙羊峡、刘家峡、大柳树(规划)、碛口(规划)、古贤(规划)、三门峡、小浪底等7座干流控制性骨干工程，以及陆浑、故县、河口村(规划)、东庄(规划)等支流水库组成。就防洪减淤而言，水沙调控体系具有拦蓄洪水、拦减泥沙、调水调沙三大功能，对黄河下游及上中游河道防洪减淤具有重要作用。

2. 水土保持

重点加强中游 7.86 万 km^2 的多沙粗沙区治理。以小流域为单元，以淤地坝系建设为重点，生物等措施并举，综合治理。同时搞好预防保护与监督，防止人为产生新的水土流失。

3. 放淤工程

黄河干流部分河段引洪放淤是处理泥沙的重要措施之一。小北干流(禹门口至潼关)河段滩地面积广阔，居民稀少，是堆放泥沙的理想场地。通过工程措施淤粗排细，延长小浪底水库拦沙减淤寿命，减轻下游河道淤积。

4. 河防工程

河防工程建设重点是黄河下游，包括以放淤固堤为主的标准化堤防建设、河道整治、挖河固堤及"二级悬河"治理、河口治理等，是一项长期的任务。同时，加强黄河宁蒙河段、禹潼河段、潼三河段等上中游干流河段，以及沁河下游、渭河下游等主要支流重点防洪河段的堤防、险工、控导工程、护岸等河防工程建设。结合水库、滞洪区的合理调度，全面提高流域防洪能力。

5. 分滞洪工程

黄河下游分滞洪区现有东平湖滞洪区、北金堤滞洪区、大功分洪区、齐河及垦利展区等5处。小浪底水库建成运用后，大幅度削减了下游稀遇洪水，防凌形势也大为改观。考虑滞洪区经济社会发展的需求，本次规划安排是：东平湖滞洪区为重点滞洪区，分滞黄河设防标准以内的洪水；北金堤滞洪区为保留滞洪区，作为处理超标准特大洪水的临时分洪措施；取消大功分洪区、齐河及垦利展宽区。东平湖滞洪区是今后分滞洪区建设的重点。

黄河下游滩区是行洪、滞洪、沉沙的重要场所，也应作为今后治理重点，继续发挥其应有作用。

6. 防洪非工程措施

防洪非工程措施包括水情测报、防汛专用通信网、信息网、决策支持系统、洪水调度等数字防汛建设，加强防洪工程的统一调度和管理、防洪区管理，强化防汛机动抢险队建设，制定完善有关政策、法规，加强水政执法，逐步形成适应防洪减淤体系有效动作的管理保障体系。

评估认为，规划的指导思想及总体目标比较明确，分期实施是合适的，但近期目标由于受资金制约较难完成。建议进一步加强黄河水资源统一调度和管理，发挥小浪底调水调沙的作用；水土保持是黄河治理重中之重，应深入分析其对减少入黄泥沙的作用和效果。

三、防洪规划

(一)下游防洪减淤规划

1. 工程规划

1)堤防工程

黄河下游临黄大堤属特别重要的 1 级堤防，设防流量仍采用国务院批准的防御花园口 22 000 m³/s 洪水标准，其重现期近 1 000 年一遇，其中艾山以下重现期约 30 年一遇。沿程主要断面设防流量为：夹河滩 21 500 m³/s、高村 20 000 m³/s、孙口 17 500 m³/s，艾山以下 11 000 m³/s。

《规划》提出对沁河口以下重要堤防全面加固。规划加固堤段长1 276.3 km，其中放淤固堤 1 185.6 km，放淤固堤宽度为 100 m，高度与设计洪水位平；加高帮宽堤段长 1 190.9 km；改建加固险工数 5 279 道坝垛，修建防护坝 131 道；改建引黄涵闸 30 座，拆除 11 处虹吸设施；配套建设堤防附属工程；并开展结合引黄沉沙淤筑相对地下河试点工程。

2)河道整治

整治流量 4 000 m³/s。整治河宽：白鹤至神堤 800 m，神堤至高村1 000 m，高村至孙口 800 m，孙口至陶城铺 600 m。新建、续建控导工程98 处，长 156.7 km。加高加固控导工程 202 处，坝垛 4 618 道。

3)挖河固堤及"二级悬河"治理

对陶城铺至渔洼 356 km 河段的过渡段主槽进行开挖。对河口过渡段主槽及拦门沙进行开挖。对陶城铺以上"二级悬河"发育严重河段，结合水库调水调沙及河道整治，通过引洪放淤，疏浚主槽及人工扰沙，淤堵串沟、淤填堤河，逐步废除生产堤等措施，治理"二级悬河"。

4)东平湖滞洪区建设

围坝为 1 级堤防，对 77.8 km 围坝采用截渗墙加固，对围坝末端 7 km 坝段进行加高，对石护坡破损部分进行翻修加高，对背湖侧坝脚残缺坝段进行固脚防护，对坝顶进行硬化。

疏通北排和南排通道，改建二级湖堤上的八里湾闸。对围坝及山口隔堤上的 8 座灌、排险闸进行改建加固或拆除。

戴村坝以下大清河堤防，加高帮宽 27.8 km，修筑后戗 14.4 km；对现有险工及控导工程改建加固。

老湖区就地避洪 6.5 万人，建设村台面积 391.6 m^2。临时撤退 34.7 万人，其中老湖区 8.6 万人；修建撤退道路 100 km。

5)滩区安全建设及政策补偿

距离大堤 1 km 以内村庄和"落河村"人口实施外迁，外迁人口 46.7 万人，按移民建镇标准建设；封丘倒灌区人口采取临时撤离措施，修建撤退道路 200 km；对其余人口修建村台就地避洪，村台防洪标准为防御花园口 12 370 m^3/s 洪水(20 年一遇)，台顶超高 1 m，按人均 60 m^2 建设。应尽快建立淹没补偿机制，制定黄河下游滩区淹没补偿办法。

6)河口治理

河口段设防流量 10 000 m^3/s，规划加高帮宽大堤 49.7 km，对北大堤及南防洪堤进行堤顶硬化，并种植防浪林。续建险工 3.9 km，加高加固 7.2 km。新建、续建控导工程 7 处，长 11.8 km。加高加固控导工程 11 处，长 23.1 km。根据河口流路延伸情况适时改走北汊，主要工程措施包括引河开挖及修建导流堤、截流坝、控导工程等。

评估认为，规划提出的下游防洪减淤工程主要内容是基本合适的。二级悬河形势严峻，应加快治理；治理黄河下游滩区，协调人与自然的关系，是当前黄河治理和开发中亟待解决的重大问题。安全设施建设应在保证滩区群众防洪安全的前提下，突出以人为本，要有利于改变滩区经济社会发展滞后的局面，提高滩区群众生活水平。安全设施应能与生产相结合，洪水时能避洪保安全，平时服务于生产建设。应尽快制定滩区补偿政策。

2．水沙调控体系

根据水沙调控体系总体布局，规划近期建成河口村水库，远期建成古贤水库，对三门峡、故县水库的病害进行处理，大柳树水利枢纽与西线南水北调一期工程同时建成。

河口村水库位于沁河最后一段峡谷出口五龙口以上约 9 km 处，控制流域面积 9 223 km²，占沁河流域面积的 68.2%，占黄河小花间流域面积的 25.7%。水库的开发任务是以防洪为主，配合小浪底水库，提高黄河干流调水调沙效果。水库总库容 3.47 亿 m³，长期有效防洪库容 2.39 亿 m³。

评估认为，水沙调控体系是黄河防洪减淤体系的骨干工程，近期建设河口村水库是必要的。

3．小北干流放淤工程

规划近期实施无坝放淤，放淤量约 10 亿 t；远期实施有坝放淤，最终达到放淤泥沙 100 亿 t 左右。有坝放淤是在禹门口河段修建水利枢纽壅高水位，对小北干流滩地分段自流放淤。鉴于禹门口水利枢纽库容较小，主要起壅高水位作用，水沙调控能力较弱，必须修建库容较大的古贤水利枢纽，利用古贤水库人工塑造适宜小北干流放淤的水沙过程。

评估认为，开展小北干流主淤是必要的。但要重视放淤对小北干流两岸滩区生态环境的影响，进一步研究放淤方式和放淤时机。

(二)上中游干流、主要支流及城市防洪规划

1．上中游干流规划

规划黄河上中游干流的治理范围包括宁蒙河段、禹潼河段、潼三河段、青海贵德至民和河段、甘肃桑园峡至黑山峡河段。

1)宁蒙河段

(1)堤防工程：下河沿—三盛公河段，防洪标准为 20 年一遇，堤防工程级别 4 级；三盛公—蒲滩拐河段，左岸防洪标准为 50 年一遇，堤防级别为 2 级，右岸为 20 年和 30 年一遇，堤防级别为 2 级和 3 级。

规划新建堤防 112.7 km，加高帮宽堤防 1 393.4 km；采用后戗、填塘固基等措施对堤防进行加固，其中后戗加固长 748.2 km；对主要入黄干沟和支流的回水段新建堤防 310.5 km，加高 68 km；新建扩建入黄挡黄闸。合并、改建和新建穿堤建筑物。

(2)河道整治：采用微弯型整治方案，整治流量为青铜峡以上河段

2 500 m³/s，青铜峡以下 2 000~2 200 m³/s。规划新建 498.5 km，坝垛 6 180 道；加固现有工程约 19.7 km，坝垛 244 道。

(3)防凌措施：加强刘家峡水库的防凌调度，适时修建大柳树、海渤湾水库，进一步减轻宁蒙河段的防凌负担。

(4)滩区安全建设：对黄河石嘴山以下河段滩区的村庄按移民建镇标准全部搬迁到大堤背河侧，外迁人口 1.9 万人。

2)禹潼河段

规划仍采用 1990 年国务院批准的黄河禹门口至潼关河段河道治导控制线规划。规划新建续建工程 21 处，长 55.7 km，其中控导工程 42.2 km，护岸工程 13.5 km。加高加固工程 26 处，长 104.7 km。

3)潼三河段

(1)库区治理：在库区上段进行河道整治，续建工程 8 处，长 25.1 km；加高加固工程 7 处，长 18.6 km。在中下段修建防冲防浪工程，新建、续建工程 29 处，长 51.3 km；加高加固工程 13 处，长 17.3 km。

(2)控制潼关高程：降低或控制潼关高程需要采取多种措施相互配合，综合治理。近期继续控制三门峡水库运用水位、实施潼关河段清淤、稳定裁弯流路、开展小北干流放淤，整治渭河口流路，并研究北洛河下游改道直接入黄工程等其他措施。远期通过古贤等水库拦沙和调水调沙，降低潼关高程。水利部于 2002 年 9 月组织黄河水利科学研究院、中国水利科学研究院、清华大学、陕西省水利厅、西安理工大学等有关单位联合攻关开展了"影响潼关高程的因素及合理高程确定"、"控制(降低)潼关高程措施"、"三门峡水库运用方式及其影响"等 3 个专题研究工作及 2003~2005 年三门峡水库非汛期最高控制水位 318 m 的原型试验。

2005 年 10 月 23~24 日，水利部在北京邀请有关专家和单位对"潼关高程控制及三门峡水库运用方式研究"项目成果进行了审查验收。该研究成果，提出了三门峡水库近期正常情况下运用方式为：汛期敞泄；非汛期平均水位不超过 315 m，最高运用水位不超过 318 m。

4)青海、甘肃河段

(1)青海贵德至民和河段：护岸工程防洪标准 20 年一遇，新建护岸工程 59.3 km；加固护岸工程 25.4 km。

(2)甘肃桑园峡至黑山峡河段：护岸工程防洪标准为 10 年一遇，新建护岸工程 31.7 km，加固 216.9 km。

评估认为，规划提出的黄河上中游干流河段的防洪工程建设是基本适宜的。减少渭河淤积的有效措施是降低潼关河底高程。降低潼关河底高程的关键措施是降低非汛期三门峡水库的蓄水位。同时，鉴于降低或控制潼关高程的复杂性，采取多种措施、互相配合，进行综合治理。建议研究潼三河段上段整治流量调低的综合措施。

2. 主要支流防洪规划

规划中支流的治理范围包括沁河、渭河、汾河、伊洛河、大汶河等33条支流的38个河段。

1) 沁河下游

设防流量为武陟站 4 000 m³/s。河口村水库建成前，其重现期为 25 年一遇；河口村水库建成后，设防流量的重现期可达 100 年一遇。

(1) 堤防工程：左岸丹河口以上堤防为 4 级，丹河口以下堤防为 1 级；右岸为 2 级堤防。堤防加高帮宽 57.8 km。堤防加固 101.5 km。

(2) 河道整治工程：续建险工 17 处，长 10.3 km；改建加固险工坝垛 729 道。根据河势变化情况，修建控导工程。

2) 渭河下游

(1) 堤防工程：耿镇、北田堤段防洪标准为 20 年一遇，其他堤段防洪标准均为 50 年一遇。堤防级别分别为 4 级和 2 级。规划对渭河下游 192 km 干堤全部进行加高帮宽；加固堤段长 161.1 km，其中灌浆 104.1 km，淤背 15.7 km，后戗 41.3 km。

(2) 河道整治工程：采用微弯型整治方案，新建、续建河道整治工程 36 处，长 39.6 km。

(3) 南山支流及北洛河下游：主要措施是扩宽支流堤距，加高加固堤防 70.5 km，移堤新建堤防长 50 km。北洛河下游加高帮宽堤防长 27.2 km。

(4) 防洪水库：东庄水库位于泾河峡谷段出口以上约 20 km，坝址控制流域面积 4.32 万 km²，占泾河流域面积的 95.1%，占渭河华县站流域面积的 40.6%。水库的开发目标是防洪、减淤和改善生态环境。水库总库容 30.1 亿 m³，调洪库容 7.3 亿 m³，调水调沙库容 22.0 亿 m³。

(5) 三门峡库区返库移民安全建设：移民围堤防洪标准为 5 年一遇，加高移民围堤 25.0 km，加固围堤 87.8 km。新修坝垛护岸 99 座，长 8.0 km。改建、新建交叉建筑物。改建和完善撤退道路，新建、改建避水楼。

(6) 除涝治理措施：沿渭河五处低洼地带引洪放淤，放淤总面积 2.34

万亩；新建、改建排涝泵站7座。

3)金堤河下游

实施金堤河下游二期治理工程，主要包括：堤防、护城堤、围站堤加固，下游支沟防洪排涝闸站建设及张庄电排站改扩建工程，以及生产桥改建和增建等。

4)其他支流河段

除上述3个支流河段外，本次对汾河、伊洛河、大汶河等防洪问题突出的32条支流的其他35个河段(含沁河上游、渭河上中游)也进行了规划，防洪规划河段总长4 546.0 km，防洪标准为10~50年一遇，防洪工程以河防工程为主。规划新建堤防长443.9 km，加高加固长2 025.2 km；防冲护岸新建工程长1 871.9 km，加高加固长170.3 km。

评估认为，黄河主要支流防洪工程建设内容是适宜的。《渭河流域重点治理规划》(国函[2005]99号)已经国务院批复，渭河下游规划的近期防洪工程与《渭河流域重点治理规划》中的相应内容是一致的。

3. 水库除险加固规划

报告中安排了溃坝后造成严重损失的84座病险水库除险加固，其中大型12座，中型72座。各省分布为：青海3座，甘肃3座，宁夏12座，内蒙古6座，山西8座，陕西24座，河南2座，山东26座。截至2005年，已完成和正在建设的病险水库除险加固70座，其中大型11座，中型59座。详见附表4。

评估认为，黄河流域水库除险加固规划应按照全国病险水库除险加固规划陆续实施。

4. 城市防洪规划

济南、郑州、西安、太原4座城市设防等级为Ⅰ等，防洪标准为200年一遇(指主城区，下同)；呼和浩特、兰州、西宁、包头、洛阳、开封6座城市设防等级为Ⅱ等，银川、石嘴山、乌海3座城市设防等级为Ⅲ等，防洪标准为100年一遇；延安设防等级为Ⅳ等，防洪标准为50年一遇。

规划新建防洪水库4座，堤防1 221.6 km，排洪渠318.7 km，护岸515.4 km，防洪墙60.9 km，开辟滞洪区9处；加固水库15座，堤防845.3 km，排洪渠459.9 km，护岸140.6 km，防洪墙5.5 km，滞洪区17处和谷坊多处等。

评估认为，城市防洪规划的范围、标准符合现行规范要求，工程措施基本合适。

四、黄土高原水土保持规划

(一)水土流失概况及治理重点

黄土高原地区水土流失面积达 45.4 万 km²。多沙粗沙区面积 7.86 km²，面积仅占黄土高原地区水土流失面积的 17%，但年输入黄河的泥沙高达 11.8 亿 t，占全河的 63%。其中大于 0.05 mm 粗沙量占全河粗沙总量的 73%。根据《全国生态环境建设规划》的总体部署，黄土高原水土保持以多沙粗沙区为重点，集中进行综合治理，近期水土流失综合治理面积 12.1 万 km²，其中多沙粗沙区治理面积 5.5 万 km²；远期再治理 12.1 万 km²，其中多沙粗沙区基本得到治理。

(二)水土保持措施规划

以淤地坝建设为主，生物、耕作措施相结合，综合治理。

规划近期修建骨干坝 1.67 万座，其中在多沙粗沙区修建 1.35 万座；修建中小型淤地坝 8.94 万座，其中在多沙粗沙区修建 7.0 万座。开展基本农田建设、营造水土保持林、人工种草等治理措施；生态修复面积 4 335 万亩；建立 20 个工矿区恢复治理示范点，10 个国家级重点监督区，4 个国家级预防保护示范区、60 个省级预防保护示范区；建设黄河水土保持监测站，初步形成监测与信息网络体系。

评估认为，《规划》与 2002 年 7 月国务院批复的《黄河近期重点治理规划》有关水土保持的内容一致。鉴于目前总体实施进度相对滞后，建议加大治理投入。

五、防洪非工程措施及管理规划

(一)非工程措施规划

1. 水情测报及防汛通信信息网

规划更新改造现有重要水文站的设施与设备，调整充实报汛站网的结构和布局，建立三门峡、小浪底库区和下游河道的观测体系；建立完善防汛通信网和信息网。

2. 防洪决策支持系统

规划建设和完善信息接受处理、气象水文预报、防汛调度、灾情评估、险情抢护、防汛组织管理等 6 个子系统；补充完善黄河信息服务、防汛会商决策及黄河数据库管理系统。

3. 防汛机动抢险队

规划提出建设黄河下游31支机动抢险队，其中新建11支，加强20支。在禹潼河段、潼三河段各组建2支机动抢险队。配备和完善抢险设施、设备。建设黄河防汛抢险培训基地3处。

4. 防洪政策法规建设

规划提出加快《黄河法》、《黄河水量统一调度条例》立法进程，抓紧制定《滞洪区运用补偿细则》、《滞洪区管理条例》、《规划保留区管理条例》等法律法规。黄河下游滩区现阶段参照《蓄滞洪区运用补偿暂行办法》进行补偿，尽快出台《黄河下游滩区淹没补偿办法》。加强水政执法队伍建设，强化防洪执法力度。

5. 治黄前期工作和科学技术研究

规划提出开展堤防工程地质勘测、河道地形测量、水准点改造、黄河科学研究基地建设等基础工作。搞好规划安排的重大治黄措施的前期工作，进一步做好黄河自然规律等基础性课题研究和治黄战略性课题研究。

评估认为，加强非工程措施建设是非常必要的。《规划》的有关内容应与《水利部水利信息化规划》及《国家防汛抗旱指挥系统》相一致，注重信息共享和资源整合，提升决策指挥的科技含量。加强研究、制定防洪政策法规，尽快出台黄河下游滩区淹没补偿政策。

(二)管理规划

1. 防洪工程及防洪区管理

1)防洪工程管理

黄河下游由黄河水利委员会直接管理，并承担禹潼河段的防洪工程管理任务。其他干流河道及支流防洪工程管理任务主要由各省(自治区)承担。规划安排防洪工程的管理设施、设备。

2)防洪区管理

规划提出搞好滩区安全建设，控制滩区人口增长；杜绝设障阻碍行洪，建立年度清障监督核查制度。

对东平湖滞洪区，实行土地利用和产业活动限制，加强滞洪区运用管理。对滩区和蓄滞洪区的非防洪建设项目，实施洪水影响评价及审批制度。加强防洪保护区社会管理，强化公共服务意识。规划保留区管理：黄河下游、上中游干流、主要支流防洪工程范围以及河口备用流路均为规划保留区，必须依法严格管理。

3)洪水调度管理

黄河的洪水调度管理既要搞好大洪水或特大洪水调度，也要抓紧研究中常洪水调度方案，实施水沙联合调度，调水调沙运用。重点搞好中游三门峡、小浪底、陆浑、故县等水库的洪水泥沙联合调度，研究上游龙羊峡、刘家峡水库的防洪防凌联合调度方案。随着黄河水沙调控体系的不断完善，逐步实行全河水沙统一调度。

2. 全河水资源统一管理

规划提出建立适应黄河特点的水资源管理体制，运用经济、技术、行政、法律等手段，强化管理，优化分配，统一调度干流和重要支流上的大型骨干水利工程，确保输沙用水等河道内生态环境用水量，维持河道的基本功能。

评估认为，《规划》提出的防洪工程管理、防洪区管理和洪水调度管理是必要的，所提措施符合有关法规规定。应加强水沙调度和洪水利用的研究。特别是重视滩区、蓄滞洪区社会管理。2006年7月5日国务院颁布实施《黄河水量调度条例》，是我国进一步加强黄河水资源统一管理，提高黄河水资源可持续利用法制化的重要标志，将为我国节水型社会建设，构建人水和谐做出积极贡献。

六、工程占地(淹没)和移民

规划防洪工程占压(淹没)土地面积77.24万亩,其中河防工程占压面积28.80万亩,城市防洪工程占压4.15万亩,防洪水库淹没面积44.29万亩;移民63 767万人,主要是水库淹没的直接移民。规划防洪工程占地(淹没)和移民情况见表3。

评估认为：规划河防工程占压土地分散，涉及地区范围广，工程占压主要在黄河下游和宁蒙河段，在妥善处理规划实施对当地群众生产、生活和生态与环境的影响。防洪水库淹没集中，近期建设的河口村水库淹没数量不大，但要积极采取措施，减低淹没影响程度。

七、环境影响评价

黄河防洪规划的实施对流域环境将产生正负两方面的影响。产生的积极影响：①进一步完善黄河下游防洪减淤工程体系，为流域社会经济可持

表3　黄河流域防洪规划工程占压(淹没)移民情况

序号	项目	工程占压或淹没土地(万亩)	迁移人口(人)
一	黄河干流防洪工程	26.42	
1	黄河下游	17.77	
2	河口治理	0.66	
3	青甘河段	0.02	
4	宁蒙河段	7.85	
5	禹潼河段	0.08	
6	潼三河段	0.04	
二	防洪水库	44.29	63 767
1	古贤	42.18	57 000
2	河口村	1.27	2 809
3	东庄	0.84	3 958
三	省区支流防洪工程	2.38	
四	城市防洪工程	4.15	
五	病险水库除险加固		
	合计	77.24	63 767

续发展提供安全保障；②防洪工程建设在提高防洪标准的同时，也增加了水资源的调节能力，有利于缓解流域水资源供需矛盾；③堤防防浪林和放淤区生态林建设、强化重点区域水土流失治理，将大幅度提高植被覆盖度，减少入黄泥沙量，有利于改善流域的生态和环境。防洪工程建设产生的不利影响是：①需占用土地、淹没耕地、村庄、城镇，并导致产生相当数量的移民，给局部地区将带来生态和社会问题；②对中下游河道内局部湿地及其中栖息的水禽将产生不利影响。

评估认为：上述环境影响评价是客观的，实事求是的。《规划》实施对改善流域及邻近地区生产、生活环境将起到重大作用，但对《规划》实施产生的不利影响应积极采取措施，千方百计地将不利影响减至最低程度，特别是要尽量减少耕地淹没和移民数量。

八、投资估算

2001~2020年规划期，初步估算静态总投资1 408.73亿元(不包括水土保持及山洪防治投资)。截至2005年已完成投资206.05亿元；剩余投资1 202.68亿元，其中黄河下游806.34亿元，黄河上中游干流及主要支流274.53亿元，城市109.23亿元，病险水库12.58亿元。

九、分期实施方案及实施效果评价

(一)分期实施方案

1. 近期(2001~2010年)

黄河下游近期建设重点是：基本完成下游临黄1 273.3 km、险工改建加固坝垛4 566道，控导工程新续建156.7 km、加高加固坝垛3 669道，以及东平湖滞洪区建设、滩区安全建设任务；建成河口村水库，基本完成小北干流无坝放淤；开展挖河固堤及"二级悬河"治理，基本完成河口、沁河下游堤防及险工加高加固；实施水库调水调沙，完善防洪非工程措施及工程管理机制。

黄河上中游干流及主要支流规划建设重点为：完成干支流防洪工程建设任务的65%。基本完成黄河宁蒙河段、禹潼河段、潼三河段等上中游干流河段防洪工程建设；完成汾河、伊洛河等11条支流的防洪工程建设；基本完成渭河下游干流堤防与河道整治，东庄水库开工建设；开工建设大汶河、湟水等21条支流防洪工程。

城市防洪及病险水库除险加固：完成济南、郑州、西安、太原、呼和浩特、银川、兰州、西宁8座省会城市防洪工程建设，开工建设6座地级市防洪工程。全部完成黄河流域84座大中型病险水库的除险加固任务。

"十五"期间建设重点是解决黄河下游堤防断面不足(高度、宽度等)的问题，已完成了40%~70%的大堤加固、险工和控导工程改建加固任务。宁蒙河段完成堤防加高帮宽8.6%、堤防加固54.5%，河道整治工程完成规划的29.9%；主要支流38%的堤防达标加固任务；完成渭河下游干流43%的堤防达标加固任务。大中型病险水库的除险加固任务已完成53座，在建的17座。到"十五"期末工程完成情况见附表1~附表4。

完成近期规划任务需投资853.73亿元，扣除"十五"期间完成部分，2006~2010年尚需投资647.68亿元。到"十五"期末投资完成情况详见附

表 5。

2. 远期(2010~2020 年)

完成黄河下游险工、控导工程按远期设计标准的加固任务，以及河口治理、沁河下游防洪工程建设剩余项目，建成古贤水利枢纽工程，实施小北干流有坝放淤工程。继续安排水库调水调沙、挖河固堤及"二级悬河"治理。继续完成黄河上中游干流及主要支流、城市防洪剩余项目。

初步估算远期需投资 555 亿元。

评估认为：《规划》根据黄河流域社会经济发展对防洪的要求和当前黄河防洪形势和建设存在的主要问题，并考虑国家和地方政府投资能力与可能等因素，遵循区分轻重缓急，突出重点的原则，采取分期实施是正确的，分期方案基本合理。从"十五"期间完成的投资情况看，要在"十一五"期间完成近期规划的剩余内容，投资强度过大，实现规划任务有一定困难。

(二)实施效果评价

《规划》的实施将进一步完善黄河防洪减淤体系，使黄河下游可防御新中国成立以来发生的最大洪水，确保设防标准内洪水堤防不决口，保障黄河下游 12 万 km2 防洪保护区内 9010 万人民生命财产安全，避免城镇、工业、交通干线、灌排渠系、生产生活设施遭到毁灭性破坏；使上中游干流及主要支流重点防洪河段的洪凌灾害将得到有效控制，保障宁蒙平原、关中平原、汾河盆地等广大地区的安全。对改善流域生态与环境，维持黄河健康生命发挥重要作用，具有巨大的经济、社会、生态效益。

评估认为：上述对《规划》实施效果评价基本符合实际。

十、社会评价

黄河防洪规划没有单独列出社会评价部分。评估认为：规划实施能有效地提高黄河防洪工程体系的防洪能力与防护区的防洪标准，对流域社会经济可持续发展和生态与环境建设、维持河流健康生命具有重要的不可替代的作用，尤其是对保护生命财产安全，居民安居乐业有重要意义。防洪工程建设产生的淹没土地和移民安置、对局部区域生态与环境的不利影响等问题是客观存在的，应慎重处理，减少影响和损失。

十一、意见和建议

(1)黄河干流已初步形成了以水库拦蓄、河道排泄和滞洪区分滞为主的"上拦下排，两岸分滞"的防洪工程体系，并通过非工程等综合措施使黄河的防洪形势有了根本改观。黄河根本问题在于水少沙多，水沙不协调。《规划》主要内容基本符合流域实际，达到了规划阶段的深度要求，可作为指导黄河防洪治理的依据。建议进一步加强黄河水资源统一调度和管理，发挥小浪底调水调沙的作用，并研究可行的增加黄河水量的途径。

(2)黄河流域的防洪重点在下游。小浪底至花园口区间洪水尚未得到控制，对下游防洪威胁仍然较大，近期应建设河口村水库，控制洪水并充分发挥以小浪底水库为核心的干支流水库联合调水调沙作用，塑造中水河槽，遏制主槽持续抬高的态势。下游标准化堤防建设和滩区安全建设关系到黄河防洪的总体安排，《规划》将下游列为近期重点是合适的。

(3)黄河下游滩区人口众多，要保障滩区人民生命财产和经济社会发展，落实科学发展观，实现人水和谐，在开展滩区安全建设的同时，尽快研究制定滩区淹没补偿政策。要加强黄河洪水管理，按照黄河实际情况，既要考虑大洪水和特大洪水的调度，也要实施黄河水沙的联合调度，协调好防洪与水资源利用和生态环境改善关系。

(4)《规划》提出的大柳树水库枢纽是黄河干流规划的七大骨干工程之一，也是黄河干流水沙调控体系的重要组成部分。但其开发方式、建设地点等尚存在较大争议，应抓紧进行论证。

(5)减少渭河淤积的有效措施是降低潼关高程的关键，是降低非汛期三门峡水库的蓄水位。鉴于降低或控制潼关高程的复杂性，采取多种措施、互相配合，综合治理是非常必要的。

(6)水土保持是减少黄河泥沙的有效措施，应根据《黄河近期重点治理规划》的要求，加大治理投入，改变总体实施进度滞后的局面。

(7)《规划》的防洪工程投资约1 408.73亿元，其中近期工程投资约853.73亿元，包括国务院已经批复的《黄河近期重点治理开发规划》和《渭河流域重点治理规划》中相应防洪工程投资，到"十五"期末已完成投资206.05亿元，剩余规划近期内容需投资647.68亿元，在"十一五"期间完成投资强度过大，应进一步区分轻重缓急，循序建设。

附表：1. 黄河干流"十五"期末防洪工程建设完成情况

2. 黄河流域主要支流"十五"期末防洪工程建设完成情况
3. 黄河流域规划防洪城市"十五"期末工程建设完成情况
4. 黄河流域规划病险水库"十五"期末除险加固完成情况
5. 黄河流域防洪规划"十五"期末投资完成情况

二○○六年十二月七日

主题词：黄河　防洪　规划　评估报告

抄送：发展改革委投资司、农经司

打印：王涛　　　校对：李志超　　　2006年12月8日印发

附表1 黄河干流"十五"期末防洪工程建设完成情况

序号	黄河干流及建设项目	单位	规划安排	近期(2001~2010年)规划安排	"十五"期末完成情况	完成占近期规划比例(%)
一	黄河下游					
1	下游堤防					
	加高帮宽(堤顶宽度)	km	1 190.863	1 190.863	127.600	10.7
	堤防淤背	km	1 185.590	1 185.590	853.477	72.0
2	河势控制情况					
	险工改建加固	道	5 279	4 566	2 312	50.6
	控导工程续建加固	km	156 700	156 700	75 700	48.3
3	滩区安全建设					
	村台面积	万m²	8 278	7 644	67	0.9
4	滞洪区安全建设					
	围坝加固	km	77.829	77.829	77.829	100.0
5	沁河下游					
	堤防加高帮宽	km	57.791	57.791	51.000	88.2
	险工改建加固(坝、垛、护岸)	道	729	729	236	32.4
二	河口治理					
1	北大堤加高帮宽	km	49.731	43.700	33.640	77.0
2	控导工程续建及加高加固	km	23.1	23.1	15	64.9
三	青甘河段					
1	青海黄河干流					
	新建护岸	km	59.34			
	加固护岸	km	25.43			
2	甘肃黄河干流					
	新建护岸	km	31.660			
	加固护岸	km	216.880			
四	宁蒙河段					
1	新建堤防	km	112.740	112.740	23.466	20.8
2	加高帮宽	km	1 393.390	1 393.390	118.973	8.6
3	加固堤防(后戗)	km	748.180	748.180	407.873	54.5
4	河道整治工程	道	6 934	6 934	1 062	15.3
	新建坝垛	km	498.46	498.46	149.025	29.9
5	滩区安全建设					
	搬迁人口	人	19 113	19 113		
五	禹潼河段					
1	新续建	km	55.727	55.727	22.011	39.5
2	加高加固工程	km	104.694	104.694	24.888	23.8
六	潼三河段					
1	河道整治工程新续建	km	25.100	25.100	8.05	32.1
2	防冲防浪工程新续建	km	51.261	51.261	12.58	24.5

附表 2　黄河流域主要支流"十五"期末防洪工程建设完成情况

序号	省区及支流名称	防洪标准(重现期)	堤防(护岸)级别	规划堤防、护岸新建加固(km)	近期(2001~2010年)规划提防、护岸新建加固(km)	"十五"期末完成情况(km)	完成占近期规划比例(%)
一	青海						
1	湟水	20年	4	129.58	77.75	76.44	98.3
二	甘肃						
1	大夏河	农防10年、临夏市50年	5、2	183.96	18.40	8.20	44.6
2	洮河	20年	4	272.10	54.42	30.71	56.4
3	湟水下游	10年	5	29.28	2.93		
4	大通河	农防10年、城防20年	5、4	13.00	1.30		
5	庄浪河	农防10年、城防20年	5、4	65.41	65.41	37.10	56.7
6	祖厉河	农防10年、城防20年	5、4	45.98	45.98	3.00	6.5
7	渭河上游	农防10年、天水市50年	5、2	141.44	70.72	63.99	90.5
8	葫芦河	农防10年、城防20年	5、4	121.40	12.14	7.16	59.0
9	泾河	农防10年、平凉市50年	5、2	78.49	15.70	9.59	61.1
三	宁夏						
1	清水河	20年	4	41.27	26.83	26.00	96.9
2	苦水河	10年	5	25.12	25.12	25.12	100.0
四	内蒙古						
1	西柳沟	10年	5	30.00	30.00	30.00	100.0
2	罕台川	20年	4	44.00	39.60	36.00	90.9
3	哈什拉川	20年	4	32.00	32.00	32.00	100.0
4	美岱沟	20年	5	39.40	39.40		
5	大黑河	20年	4	328.80	131.52	6.80	5.2
五	山西						
1	汾河	20年、50年	4、2	894.01	894.01	712.57	79.7
2	沁河上游	20年	4	3.50	0.35		
3	涑水河	20年	4	210.36	210.36	110.20	52.4
4	姚暹渠	10年	5	143.24	143.24	77.90	54.4
六	陕西						
1	渭河下游	干流50年、20年,支流20年、10年	2、4、5	621.50	559.35	268.40	48.0
2	窟野河	农防10年、城防20年	5、4	44.15	44.15	44.15	100.0
3	无定河	10年	5	23.93	23.93	23.93	100.0
4	延河	农防10年、城防30年	5、4	54.33	16.30	15.69	96.3
5	渭河中游	农防10年、城防50年	5、2	309.75	123.90	80.57	65.0
6	黑河	20年	4	48.70	4.87	2.10	43.1
7	沣河	10年	5	67.92	6.79	6.20	91.3
8	金陵河	20年	4	35.37	35.37		
9	千河	10年	5	148.08	29.62	20.90	70.6
10	泾河下游	农防10年、城防20年	5、4	83.26	83.26	1.00	1.2
11	石头河	10年	5	40.97	4.10		
七	河南						
1	金堤河			41.94	4.19		
2	伊洛河下游	20年	4	274.52	274.52	55.00	20.0
3	天然文岩渠	10年	5	155.00	155.00	155.00	100.0
八	山东						
1	玉符河	50年	2	77.60	7.76	6.00	77.3
2	大汶河	30年	3	275.44	55.09	30.13	54.7
九	合计			5 174.80	3 365.36	2 001.85	59.5

附表3 黄河流域规划防洪城市"十五"期末工程建设完成情况

序号	城市名称	规划				近期(2001~2010年)规划安排	"十五"期末完成情况	完成占近期规划比例(%)
		范围	防洪标准	工程措施	规模			
1	西宁市	湟水及北川河等14条	100年一遇	新建渠道(km)	11	11	6	54.5
				新建护岸(km)	10.6	10.6		
				新建加固防洪墙(km)	37.4	37.4		
2	兰州市	黄河及34条泥石流河沟	100年一遇	新建加固堤防(km)	45.4	45.4	9.13	20.1
				新建渠道(km)	78.8	78.8		
3	银川市	大窑沟等27条	100年一遇	新建加固堤防(km)	91.89	91.89	64.3	70.0
				新建滞洪区(处)	3	3	3	100.0
				加固渠道(km)	65	65		
				加固滞洪区(处)	9	9		
4	呼和浩特市	小黑河等10条	100年一遇	新建水库(座)	3	3		
				新建加固堤防(km)	133.46	133.46		
				新建加固护岸(km)	129.87	129.87		
				加固水库(座)	1	1		
5	太原市	汾河等24条	200年一遇	新建加固堤防(km)	208	208	122.6	58.9
				新建加固渠道(km)	53	53	9.4	17.7
				新建加固护岸(km)	126	126		
				新建滞洪区(处)	6	6		
				水库(座)	4	4		
				加固滞洪区(处)	8	8		
6	西安市	灞河等4条河沟	200年一遇	新建加固堤防(km)	96.46	96.46	50.6	52.5
				新建护岸(km)	14	14		
				加固渠道(km)	50.42	50.42	37	73.4
7	郑州市	贾鲁河等7条	200年一遇	新建加固堤防(km)	292.08	292.08		
				加固水库(座)	8	8		
8	济南市	小清河等18条	200年一遇	新建加固堤防(km)	472.4	472.4		
				新建加固渠道(km)	228.4	228.4		
				新建加固护岸(km)	88.9	88.9	88.9	100.0
				新建防洪墙(km)	27.6	27.6		
9	石嘴山市	大武口沟等7条	100年一遇	新建加固堤防(km)	64.9	6.49		
				新建渠道(km)	17.9	1.79		
				新建加固护岸(km)	20.9	2.09		
10	乌海市	千里沟等12条	100年一遇	新建加固堤防(km)	58.29	23.316	18.43	79.0
				新建加固护岸(km)	58.29	23.316		
11	包头市	昆都仑河沟11条	100年一遇	新建加固堤防(km)	218.76	21.876		
				新建加固护岸(km)	156.39	15.639		
				加固水库(座)	2			
12	延安市	延河等4条河沟	50年一遇	新建水库(座)	1			
				新建加固堤防(km)	31.02	3.102		
				新建护岸(km)	8.97	0.897		
13	开封市	惠济河等8条河沟	100年一遇	新建加固堤防(km)	266.11	26.611		
				新建护岸(km)	24.4	2.44		
				加固渠道(km)	147.05	14.705		
14	洛阳市	伊河、洛河等4条河流	100年一遇	新建加固堤防(km)	88.09	8.809		
				新建加固渠道(km)	127	12.7		
				新建护岸(km)	17.67	1.767		
				新建防洪墙(km)	1.38	0.138		

附表4　黄河流域规划病险水库"十五"期末除险加固完成情况

序号	省区	规划及近期(2001~2010年)安排		座数	完成		在建		未实施	
		大型	中型		大型	中型	大型	中型	大型	中型
一	青海		南门峡、东大滩、大南川3座	3		3				
二	甘肃	巴家嘴	高崖、锦屏	3		2	1			
三	宁夏		张湾、张家嘴头、苋麻河、夏寨、沈家河、李家大湾、喊泉口、东至河、店洼、长山头、寺口子、马莲	12		9		2		1
四	内蒙古	三盛公、巴图湾、挡阳桥	哈素海、红领巾、乌兰	6	1	2	2	1		
五	山西	文峪河	蔡庄、董封、苦池、上郊、上马、天桥、任庄	8		7	1			
六	陕西	冯家山、羊毛湾、石头河	石砭峪、信邑沟、薛峰、新桥、中营盘、寒砂石、郑家河、林皋、东风、福地、泔河、段家峡、石堡川、中山川、尤家崄、电市、拓家河、零河、玉皇阁、白荻沟、老鸦嘴	24	3	13		6		2
七	河南	陆浑	段家沟	2	1	1				
八	山东	卧虎山、雪野、光明	东周、乔店、葫芦山、黄前、尚庄炉、山阳、直界、小安门、沟里、崮头、角峪、大河、胜利、彩山、贤村、苇地、大冶、公家庄、鹁鸽楼、杨家横、石店、武庄、钓鱼台	26	2	9		4	1	10
	合计	12	72	84	7	46	4	13	1	13

附表5　黄河流域防洪规划"十五"期末投资完成情况　（单位：亿元）

序号	项目	规划总投资	近期投资(2001~2010年)	"十五"期末完成投资	近期剩余投资
一	黄河干流	1 064.44	615.43	161.85	453.58
1	黄河下游	942.14	534.27	135.80	398.47
	大堤加高加固	183.25	175.75	89.51	86.24
	险工	137.74	54.93	6.03	48.90
	河道整治	158.59	93.52	11.22	82.30
	挖河固堤	99.30	47.52	3.81	43.71
	东平湖滞洪区	9.30	9.30	3.30	6.00
	滩区安全建设	88.08	88.08	7.75	80.33
	河口治理	7.61	2.59	2.06	0.53
	沁河下游	9.94	6.39	1.65	4.74
	防洪水库(古贤、河口村)	178.87	12.40		12.40
	工程管理	27.91	22.70	4.46	18.24
	非工程措施	41.57	21.09	6.01	15.08
2	禹门口—潼关	11.74	6.90	2.69	4.21
3	潼关—三门峡	14.91	9.06	2.46	6.60
4	宁蒙河段	84.64	56.04	16.78	39.26
5	青甘河段	11.00	9.15	4.12	5.03
二	省区河流(含东庄水库)	193.75	130.33	15.46	114.87
三	城市防洪	119.11	78.94	9.89	69.05
四	病险水库除险加固	31.44	29.04	18.86	10.18
	合计	1 408.73	853.73	206.05	647.68

附件 5:

黄河流域防洪规划编制大事记

黄河流域是中华民族的摇篮,经济开发历史悠久,文化源远流长,曾经长期是我国政治、经济和文化的中心。流域战略地位重要,区位优势明显,土地、矿产资源特别是能源资源十分丰富,开发潜力巨大,在国民经济发展的战略布局中,具有承东启西的重要作用。黄河又是一条多泥沙、多灾害河流,洪水泥沙灾害严重,历史上曾给中国人民带来深重灾难。《黄河流域防洪规划》的编制及实施,对保障黄河流域人民群众生命财产安全,促进经济社会又好又快发展,构建社会主义和谐社会,实现全面建设小康社会的奋斗目标,具有十分重要的意义。

一、规划启动

1998 年长江、松花江、嫩江发生大洪水,水利部依据《中华人民共和国水法》、《中华人民共和国防洪法》,布置开展了全国防洪规划的编制工作。

二、规划编制

根据水利部统一部署,结合流域防洪形势的变化和防洪要求,黄河水利委员会(以下简称黄委)组织流域内有关省(自治区)开展了《黄河流域防洪规划》(以下简称《规划》)编制工作。

1998 年 11 月,黄委成立了黄河防洪规划领导小组,负责对规划编制工作的统一领导,同时成立项目办公室,负责项目日常的管理和协调。

1998 年 12 月,黄委组织召开由黄河流域(片)10 省(自治区、兵团)水利厅(局)参加的防洪规划工作会议,明确了黄委与各省区(兵团)的工作分工和任务,并印发了《黄河流域片省(自治区)防洪规划编制大纲》。

1999 年 9 月,黄河流域(片)10 省(自治区)及新疆兵团水利部门分别完成了黄河宁夏、内蒙古等干流河段、32 条支流、13 条内陆河及国际河流、116 座病险水库和 17 座城市的防洪规划报告的编制工作。

1999 年 10 月 10 日至 11 月 2 日,黄委组织专家和各省(自治区、兵团)水利厅(局)等单位在郑州召开黄河流域片防洪规划省(自治区、兵团)成果技术协调会。

1999 年底，有关规划编制单位共完成了 14 个专项规划：黄河下游堤防工程规划、河道整治规划、挖河固堤规划、防洪水库规划、东平湖滞洪区加固规划、河口治理规划、沁河下游防洪规划、滩区安全建设规划，中游禹潼河段治理规划、潼三河段治理规划，防洪非工程措施规划、工程管理规划、分期实施意见及投资估算、防洪效果评价等工作。

在以上各项工作的基础上，以及各省区(兵团)水利厅(局)的全力配合下，黄委于 2000 年 8 月完成了《黄河流域防洪规划》汇总成果的初稿。

自 2001 年 4 月至 2002 年 6 月，参加全国防洪规划四个阶段的汇总工作，累计历时约 5 个月。主要完成了黄河流域(片)防洪规划数据库在全国数据库的汇总录入、复核及补充完善工作，黄河流域(片)防洪重点工程建设实施方案编写，整理提供黄河流域(片)防洪规划的有关数据及文字素材，承担全国防洪规划总报告中黄河流域(片)防洪规划有关内容的编制等。

在《规划》编制过程中，按照国务院领导的指示精神，针对黄河洪水泥沙威胁、水土流失、水资源短缺、水污染等重大问题，先期组织编制了《黄河近期重点治理开发规划》，2002 年国务院以国函[2002]61 号文进行了批复，对黄河的防洪建设发挥了重要作用。

《规划》编制过程中，对黄河防洪减淤有关重大问题进行了深入、系统的研究，广泛听取了专家意见，反复征求了流域内各省(自治区)有关部门的意见。

三、规划审查

2002 年 6 月 28～30 日，黄委组织专家在郑州召开了《黄河流域(片)防洪规划纲要》审查会，根据审查会会议纪要对报告进行修改完善后上报水利部。

2002 年 8 月 10～12 日，水利部水利水电规划设计总院在北京主持召开了黄河流域防洪规划成果讨论会。根据会议纪要并征求各省区意见，对《规划纲要》进行了补充修改完善，增加了黄土高原水土保持规划、小浪底水库在防洪减淤体系中的作用、不同时期水沙情况及变化趋势分析等内容，提出了《黄河流域及西北诸河防洪规划简要报告》。同时对主报告《黄河流域河流防洪规划报告》、《黄河流域城市防洪规划报告》、《黄河流域病险库除险加固规划报告》、《西北诸河防洪规划报告》进行了修改。

2003 年 9 月 7 日，水利部召开了流域防洪规划工作会议，根据会议精神，再次征求各省区(兵团)意见，对《黄河流域及西北诸河防洪规划简要报告》及 4 个主报告进行了修改。

2004 年 11 月 12~14 日，水利部在北京主持召开了黄河流域防洪规划审查会，国务院有关部委和流域内各省(自治区)的代表及特邀专家参加会议，并审查通过了《黄河流域防洪规划(送审稿)》。会后，黄委组织规划编制单位根据审查意见对《规划》进行了补充修改。

四、规划协调

2006 年，水利部以办规计函[2006]155 号文征求国务院有关部门、解放军总参谋部、流域内各省(自治区)人民政府的意见。国家发展改革委还委托中国国际工程咨询公司对《规划》进行了评估。根据各部委和地方政府的反馈意见，黄委再次对《规划》进行了修改完善。

五、规划批复

2008 年 6 月，水利部以水规计[2008]226 号文将《规划》上报国务院审批。

2008 年 7 月 21 日，国务院以国函[2008]63 号文批复《黄河流域防洪规划》。